한국인의 장醬

한국인의 장 醬

한복려

한복진

(주)교문사

'**한국음식의 맛은 장맛**' 이란 말이 옛말은 아닐 것입니다. 지금의 우리네 식탁을 들여다보면 장이 아니면 우리 음식을 만들 수 없을 정도로 된장, 고추장, 간장을 넣어 만든 반찬이 대부분입니다. 고소한 두부부침 한 쪽을 먹을 때에도 간장양념장을 찾고, 돼지수육도 된장쌈장을 곁들여 먹습니다. 우리 선조들은 일찍이 동물성 식품을 얻기 어려운 농경생활에서 세계가 주목하는 건강식품인 콩으로 장을 만들어 건강한 식생활을 영위할 수 있는 지혜를 찾아냈습니다. 장은 한국인에게 없어서는 안 될 건강 필수식품이 되었습니다.

장은 시간과 정성이 필요한 음식입니다. 가을에 추수한 콩을 삶아 메주를 만들어 띄우고, 봄이 되면 좋은 소금과 물로 장을 담그며, 자연의 힘을 빌려 숙성하게 됩니다.

지금의 장은 공장에서 나오는 천편일률적인 편리한 가공식품으로, 전통 장이 시간과 노력과 기다림의 음식이라는 생각을 전혀 하지 못합니다. 젊은 세대들은 마트에 쌓여 있는 빨갛고 노란 플라스틱 통이, 까맣게 비치는 투명한 플라스틱 통이 고추장과 된장, 간장이라고 알고 있습니다. 장고에서 터를 잡고 든든히 집안을 지켜 주던 항아리는 옛것이 되어 추억의 장식품으로 전락하고 말았습니다.

이미 15년 전에 '종가집 시어머니 장 담그는 법'이라는 제목으로 책이 나왔다가 절판되었고, 한식의 세계화란 명분으로 장의 우수성은 점점 커져 왔으나 장 문화를 다룬 실용서가 없어 아쉬움이 컸습니다.

그동안 장의 효능이나 장을 이용한 음식개발 등 장에 관해 활발히 연구했습니다. 음식을 가장 잘 만드는 조리사는 장과 술을 잘 담그셨던 우리의 옛 어머니들이라 여

깁니다. 장을 많이 담그지는 않았지만 옛것을 공부하다 보니 한국의 훌륭한 전통의 맛을 지키는 것이 저의 본분이라 여기며, 당시 미비했던 부분을 좀 더 보충하여 대중서로 또는 조리학이나 식문화를 전공하는 이들을 위한 전공서로 만들게 되었습니다.

아직도 부족한 부분이 많은 줄 압니다. 조언을 부탁드리며 부족한 부분은 채워 나가겠습니다.

지금까지도 '조선왕조궁중음식' 보유자, 이수자로 우리 음식을 전수하는 일을 하게 만들어 주시고, 옛 조리서 연구를 시작하여 학문으로 이끌어 주셨으며, 구석구석 다니시며 민속자료를 조사해 주신 어머니이시며 스승이신 황혜성 님의 은공이 있기에 가능한 일입니다.

어머니! 머리 숙여 감사를 드립니다. 그리고 이 책의 가치를 알아주시고 선뜻 출간해 주신 교문사에 감사를 드립니다.

한국음식의 맛은 장맛이고 장은 우리음식의 정체성이기도 합니다. 가장 전통적인 것이 가장 세계적인 것이 될 수 있는 시대에 장맛인 한국음식이 영구불변하기를 이 책을 통해 소망해 봅니다.

2012년 입동 날
한복려, 한복진

한국의 식생활과

장문화

1장

한식 맛의 근원

간장, 고추장, 된장은 한국 전통음식의 맛을 규정짓는 가장 대표적인 식품들이다. 자연식품인 고기, 생선, 채소 등은 모두 단순한 맛을 지니고 있다. 이들의 고유한 맛에 간장, 된장, 고추장 등을 보태어 조화를 이루면 우리만의 독특한 맛을 형성하게 된다. 한국 사람만이 느끼는 맛의 진미는 '장'이 아니고는 낼 수가 없는 것이다.

1. 맛의 근원인 장

사람의 입맛은 쉽게 변하지 않는다. 외국에 나간 우리나라 사람들이 가장 먹고 싶어 하는 음식은 뚝배기에 바글바글 끓인 된장찌개와 우거지나 아욱을 넣은 구수한 된장국이라고 한다. 이것은 한국 사람이면 누구나 느끼는 '우리 맛'에 관한 공통적인 정서일 것이다. 우리 민족만이 느낄 수 있는 장맛은 곧 우리 음식문화의 뿌리가 되며, 식생활뿐만 아니라 우리 민족의 정서와 사고방식의 원천이 되어 왔다. 세계화와 다국적 문화는 우리 생활의 전반에 많은 영향을 끼쳤으나 한국인의 독특한 미각을 단번에 바꿔 놓지는 못했다. 옛말에 '음식 맛은 장맛이다.'는 말이 있는데, 이는 우리 전통음식 맛이 장맛에 의해 좌우되고 장맛으로 음식이 맛있다, 맛없다를 기준으로 삼은 데서 유래한다.

장은 콩을 주원료로 하며, 발효, 숙성, 저장되는 과정에서 미생물이 작용하여 성분에 변화를 일으키며 장의 독특한 맛을 형성한다. 우리 음식의 맛내기는 바로 이 간장과 된장, 고추장을 가장 기본적인 조미료로 하여 이루어지는 것이다. 예전부터 우리네 살림살이에서 일 년 중 가장 중요한 두 가지 행사로 '장 담그기'와 '김장'을 꼽았다. 우리 음식은 거의가 간장이나 된장, 고추장 등으로 맛을 내기에 한마디로 표현하기 어려운 복합적인 맛의 조화를 이루어 낸다. 선조들은 장을 비롯하여 술, 젓갈, 김치 등의 발효식품을 잘 만들어서 오랫동안 저장하는 지혜를 가지고 사철 음식을 해 먹었다. 덕분에 오늘날 우리에게도 발효의 맛을 즐기는 식성이 대대로 이어지고 있다.

헤닝Henning은 사람의 미각은 짠맛, 단맛, 쓴맛, 신맛을 기본으로 하는 사원미四原味라고 하였고, 이들의 배합에 의하여 모든 맛을 구성할 수 있다고 하였다. 그러나 우리의 입맛은 이외에도 매운 맛, 떫은 맛, 구수한 맛 등을 민감하게 구분하여 느낄 줄 안다. 특히 구수한 맛인 지미旨味는 주로 고기나 다시마 또는 표고버섯에 들어 있는 성분으로, 식욕을 돋우는 좋은 맛palatable taste, 감칠맛이다. 이 맛은 자연식품에서 느껴지지만 우리의 발효식품인 장에서도 잘 느낄 수 있다.

발효 저장식품은 서양보다 동양에서 더 잘 발전되었

◀ 장으로 만든 찬으로 구성된 한국의 전통반상

는데, 특히 콩을 원료로 한 콩장豆醬 문화권에서 발달하였으며 그 종주국이 바로 우리나라이다. 목축이 생업이었던 서양인들은 치즈나 요구르트 등 우유를 발효시킨 유제품과 채소 발효식품인 사워크라우트sauerkraut나 피클 등을 만들어 먹었다. 그러나 우리처럼 장류나 젓갈, 김치 등 다양한 발효식품을 갖추고 있지는 않다. '서른여섯 가지 김치를 담그고 서른여섯 가지 장을 담글 줄 아는 며느리'라는 말이 있다. 이는 우리의 장류와 김치류의 다양함을 표현하는 말인 동시에 가정에서 여러 종류의 발효식품을 만드는 것이 부녀자들에게는 큰 미덕이었음을 암시하는 말이기도 하다.

예전에는 물론이고 지금도 우리 식탁에 오르는 찬에는 김치나 젓갈 등 발효식품을 빼놓을 수가 없다. 또한 음식의 간을 맞추거나 맛을 낼 때에도 간장, 된장, 고추장이 쓰인다. 된장은 된장찌개, 된장국, 쌈장 등에 많이 쓰이고, 고추장은 매운탕이나 전골, 제육구이와 고추장볶음, 생채 등에 들어가며 생선회나 비빔밥을 먹을 때에도 없어서는 안되는 재료이다. 간장은 국에 간을 맞출

▶ 똑배기에서 끓고 있는
  된장찌개

때나 불고기, 생선조림, 장조림, 나물 등에 넣는다. 뿐만 아니라 장이 들어가지 않은 부침이나 튀김, 전 등은 먹을 때에 초장이나 양념장을 곁들여 먹기도 한다. 음식이 장맛이란 생각을 의식하고 있지 않아도 우리 입맛이 이미 발효식품의 삭은 맛에 길들여져 있다고 볼 수 있다.

빵을 먹으면서 김치를 먹는 사람, 튀김이나 고구마를 김치와 곁들여 먹어야 입이 개운하다는 사람이 있다. 외국에 나가서도 그 곳의 음식에 쉽게 질리고, 된장찌개나 김치, 고추장 등이 그리워지는 것도 바로 우리 미각이 발효미에 익숙해졌기 때문이다.

2. 우수한 단백질 공급원인 장

옛날 중국 문헌에는 우리 조상들이 만든 장^醬의 시초인 시^豉를 가리켜 '고려 냄새^{高麗臭}'라고 하였다. 이는 장을 처음 만든 나라가 우리 조상임을 암시한다. 이외에 건강한 몸을 가리켜 '된장 살', 힘이 센 사람은 '된장 힘'이라고 불렀을 만큼 우리 식생활을 대표하는 것 중의 하나가 바로 장이다. 궁궐에 기거하는 왕족부터 사대부의 귀족, 평민, 빈한한 농촌이나 산촌에 사는 촌민, 그리고 육식을 하지 않는 사찰의 승려에 이르기까지 빈부의 격차와 지위의 고하를 막론하고 우리 음식에서 장을 떼어 놓고 생각할 수 없다.

장류 중에서도 특히 된장은 우수한 단백질 공급원이다. 콩이 '밭에서 나는 고기'라고 불릴 만큼 단백질과 지방이 풍부하다는 것은 익히 알려진 바이다. 그것도 콜레스테롤이 없는 양질의 식물성 단백질이 다량 함유되어 있다. 그렇다고 해서 콩이 육류나 계란보다 단백질을 더 많이 함유하고 있다는 것은 아니다. 요즘에야 동물성인 고기보다 어류나 식물성 단백질을 권장하여 두부와 생선을 더 선호하는 경향이 있지만, 농경이 주된 생업이던 시절에 육류 섭취는 명절이나 잔치, 제사에나 구경할 수 있을 정도였으니 육류로 단백질을 보충한다는 것은 실로 어려운 일이었다. 단백질이 부족하기 쉬운 예전의 우리 식생활에서 단백질과 지방을 채워 준 것이 바로 장, 특히 된장이었던 것이다.

3. 저장성이 뛰어난 식품인 장

조선시대의 풍속세시기인 《동국세시기東國歲時記, 1849》에는 일 년 중 민가에서 치르는 큰 일 두 가지로 여름철 장 담그기와 겨울철 김장을 꼽고 있다. 일 년간 먹을 장을 담가 놓으면 특별하게 관리하지 않아도 변질될 염려가 없고 또 요긴하게 쓰였다.

장은 영양적인 면 외에도 음식의 간을 맞추는데 없어서는 안 될 중요한 조미료이다. 간장, 고추장, 된장은 모두 많은 양의 소금을 넣고 담그기 때문에 자체적으로 짠맛을 낸다. 간장뿐만 아니라 된장이나 고추장으로 반찬을 만들 때에 따로 소금 간을 하지 않아도 되는 것이다. 특히 간장은 구이, 나물이나 무침, 조림 등 모든 음식에 필수적으로 들어가는 조미료일 뿐 아니라 장아찌, 장조림, 자반 등의 밑반찬을 만드는 데에 필수적으로 사용되었다.

이처럼 장은 소금이 많이 들어가기 때문에 저장성이 뛰어나다는 장점이 있다. 맛이 변하거나 상하지 않을 뿐 아니라 오히려 해가 지날수록 맛이 진해진다. 간장의 경우는 갓 담은 햇장에서부터 오래된 진장까지 각각 맛이 달라 음식에 따라 사용하는데, 소금의 짠맛과는 비교할 수가 없다. 장은 보관에도 큰 불편함이 없다. 가끔씩 햇볕만 쬐어 주면 되고 냉장고에 넣지 않아도 된다.

'찬이 없는 시골에 손님이 찾아와도 장이 맛있으면 걱정이 없다.' 는 옛말이 있을 만큼 장은 예로부터 가정의 요긴하고 든든한 상비식품인 것이다.

4. 기본이 되는 장

우리나라의 대표적인 장은 간장, 된장, 고추장이다. 간장과 된장은 함께 담가서 같이 얻을 수 있고, 고추장은 따로 담근다. 해마다 담그는 장맛이 일 년 동안 각 가정의 음식 맛을 좌우하였다. 간장이나 된장은 콩을 발효시킨 것이어서 그 향과 맛이 어떤 반찬과도 어울려 맛의 조화를 이룬다. 찬거리가 변변치 않아도 시골이나 절에서 먹는 음식이 맛있는 이유는 바로 장맛이 좋기 때문이다. 반면에 아무리 좋은 찬거리가 있다 해도 맛없는 장이 들어가면 음식 맛을 그르치게 된다.

간장과 된장

간장과 된장에 쓸 메주는 보통 음력 10~12월에 콩을 삶아서 만들어 띄우며, 이듬해 입춘 전, 추위가 덜 풀린 이른 봄에 장을 담근다. 염도를 잘 맞춘 소금물에 깨끗이 손질한 메주를 넣어 장을 담근 후 40일 정도는 매일 아침 뚜껑을 열어 볕을 쬔다. 40일쯤 지나서 메주와 우러난 소금물을 가른다. 먼저 건

◀ 항아리에 담긴 간장
▶ 항아리에 담긴 된장

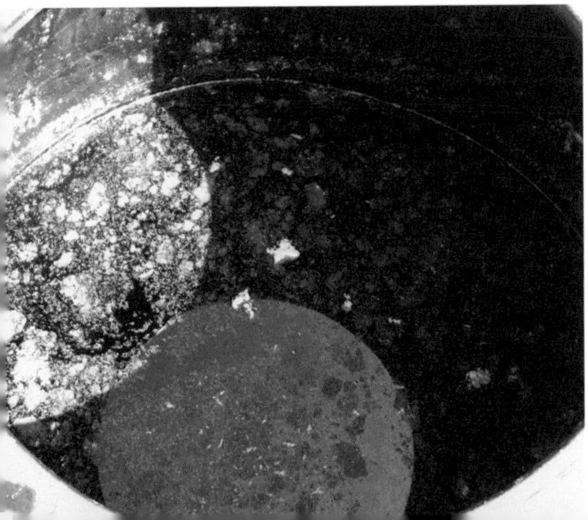

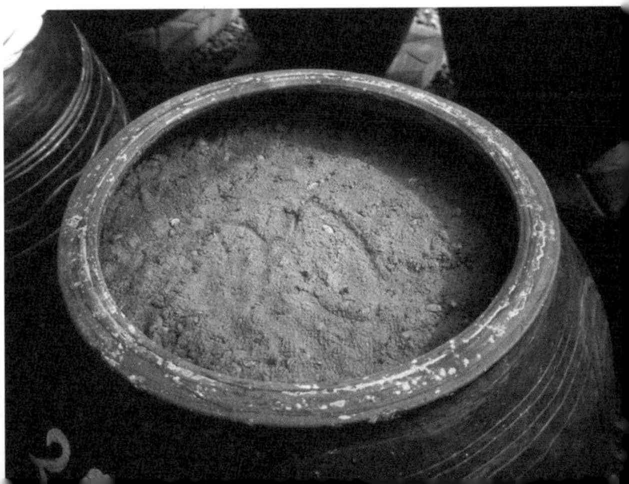

져 낸 메주는 소금을 넣고 버무려서 항아리에 눌러 담고, 남은 소금물은 솥에 부어 달인다. 이때 메주를 건져 내고 남은 즙액이 간장이고, 건져 낸 메주를 으깨어 만든 것이 바로 된장이다.

간장은 투명하고 옅은 청장淸醬, 국간장에서부터 해를 거듭하여 묵힌 진장까지 고루 갖추고 음식에 맞게 골라 썼다. 국, 나물 등 단맛이 필요 없는 음식에는 색이 옅은 청장을 넣어 재료의 색을 그대로 살리면서 담백한 맛을 냈고, 구이, 찜, 조림과 약식 등 진한 빛을 내는 음식에는 오래 묵혀 단맛이 나는 진장을 썼다. 요즘 사람들은 식품점에서 파는 진간장 한 가지로 국에 간을 하고, 고기 양념장을 만들며, 나물도 무치지만 실은 구별하여 써야 음식 맛을 잘 낼 수가 있다.

된장은 덩어리지고 되직하다 하여 된장이라 불리고, 또 흙빛이 난다고 하여 토장土醬이라고도 부른다. 우리의 전통적인 장 담그기는 간장과 된장이 한 번에 나오지만 그렇게 하면 맛있는 성분이 간장으로 다 빠져나가고 된장은 맛이 그리 좋지 않아 점차로 간장과 된장을 나누어 따로 담는 경우가 많아졌다. 장의 발효를 촉진시키고 단맛을 더 많이 나게 하기 위해 아예 메주를 만들 때 밀이나 멥쌀, 보리 등을 섞어서 빚기도 한다. 옛날에는 된장이 쓰이는 용도와 맛에 오덕五德이 있다고 해서 이를 칭송하기도 했다. 된장의 다섯 가지 특징을 오덕으로 표현했는데, 다른 맛과 섞여도 제 맛을 잃지 않으므로 단심丹心, 오래 두어도 변질되지 않으므로 항심恒心, 비리고 기름진 냄새를 제거해 주므로 불심佛心, 매운맛을 부드럽게 해 주므로 선심善心, 어떤 음식과도 잘 조화되므로 화심和心이 그것이다.

고추장

속담 중에 '고추장 단지가 열둘이라도 서방님 비위를 못 맞춘다.'는 말이 있다. 이는 성미가 까탈스러워 비위를 맞추기가 힘들다는 뜻도 있지만, 실제로 고추장을 담그기가 그만큼 까다롭고 정성이 많이 든다는 뜻이기도 하다.

고추장은 메주를 빻아 가루를 내고 찹쌀가루나 밀가루, 보릿가루 등을 섞어 고춧가루와 소금을 넣고 버무려 만든다. 고추장은 날이 더워지기 전에 담그는데, 한 해 전에 미리 고추장용 메주를 쑤어 고추장 담글 준비를 해 둔다. 고추장용 메주는 된장과 달리 콩만으로 만들지 않고 처음부터 전분질을 함께 넣어 빚는 것이 특징이다.

고추장의 역사는 된장만큼 오래되지 않았지만 날이 갈수록 쓰임새는 더 광범위해지고 있다. 고추는 임진왜란[1592년] 무렵 우리나라에 처음 들어왔는데 일반적으로 널리 재배한 것은 17세기 후반 무렵이다. 고춧가루를 장에다 넣기 시작한 것은 언제부터인지 확실하지는 않으나 아마도 17세기 후반이 지나서였으리라고 본다. 이즈음 김치에 고춧가루와 젓갈을 함께 쓰게 되었다고 한다.

▲ 항아리에 담긴 고추장

고추장을 기록한 최초의 문헌은 《증보산림경제增補山林經濟, 1767》이다. 50년 후에 나온 《규합총서閨閤叢書, 1815》에는 순창 고추장이 지방의 특산물로 나온다. 그 당시의 새로운 식품이었을 고추를 이용하여 만든 고추장은 지방이나 집안마다 만드는 법이 달랐을 것이다. 고추가 널리 퍼진 것이 겨우 200년밖에 되지 않았으나 고추장은 한국의 고유한 발효식품으로 정착되었다.

요즘 사람들이 자극적인 맛을 선호하는 경향이 강해 시중에 파는 음식의 맛이 전에 비해 많이 매워졌다. 고춧가루나 고추장이 안 들어가는 음식이 드물 정도이다. 이는 고추장이 단지 간을 맞추거나 맛을 내는 조미료 역할만 하는 것이 아니라 다른 장에 없는 독특한 매운맛을 지니고 있기 때문일 것이다. 이 매운맛은 식욕을 돋우고, 개운한 뒷맛을 남기면서 소화를 도와주므로 많은 사람들이 고추장을 좋아하는 이유가 되고 있다.

고추장에 대한 재미있는 연구 결과가 있다. 한국 스포츠과학 연구소에서 운동선수들의 컨디션 조절이 고추장 섭취 유무에 따라 달라진다는 조사 결과를 발표한 적이 있다. 즉, 국가대표를 포함한 운동선수 1천 2백 명 중 절반 이상이 외국 원정 경기에서 고추장을 먹지 못해 식욕이 떨어지고 컨디션이 나빠졌다고 발표했다. 실제 기록에서 차이는 나지 않았으나 경기력보다 컨디션 조절 등 심리적인 면에서 크게 작용하는 것으로 나타났다. 그만큼 고추장은 우리 입맛을 지배하고 있다. 매콤한 고추장을 먹으면 기분이 산뜻해질 것 같은 심리적, 생리적인 작용은 고추장이 한국인의 체질에 미치는 영향이 얼마나 큰지를 입증해 주는 조사 결과이다.

장의 기원과 변천

우리 조상들은 철기시대부터 콩으로 장을 만들어 왔고, 장은 지금까지도 한식의 맛의 기본이 되고 있다. 장은 좁은 뜻으로는 간장을 뜻하고, 넓은 뜻으로는 간장, 된장, 고추장, 막장, 청국장, 어장, 즙장 등을 모두 포함한다.

우리나라의 장류는 대부분 콩이 주재료이고, 보리·밀·밀가루·멥쌀·찹쌀 등을 부재료로 쓰는 두장豆醬이다. 콩의 감칠맛, 곡물의 단맛, 소금의 짠맛에 물을 합하여 저장하면 발효되면서 독특한 향미가 나온다. 콩이나 곡물로 만든 곡장穀醬과 어패류로 만든 어장魚醬은 아시아의 벼 농경지역을 중심으로 발달하였다. 곡장과 어장은 원료나 만드는 법에 차이가 있으나 짠맛과 감칠맛을 내는 조미식품이라는 공통점이 있다. 쌀이 주식인 벼 농경지역에서는 채소가 일상 반찬의 기본이 되어 왔다. 육류나 어류의 섭취가 풍족하지 않은 벼 농경 문화권의 식생활은 서민의 경우 주식을 쌀에 전면적으로 의존하고 찬은 채소가 주가 된다. 채소 찬은 소금만으로 맛을 내기보다 장으로 간을 해서 감칠맛을 냈다.

전통적으로 아시아의 조미문화권은 그림과 같이 나눌 수 있다. 한국, 일본, 중국의 동아시아는 콩을 위주로 한 곡장이 우세한 곡장문화권이고, 동남아시

▲ 동아시아의 곡장문화권
출처 : 나오미치 이시게, 《어장과 식해의 연구》

아의 벼농사 지역은 어패류로 만든 어장문화권이다. 그러나 한국과 일본은 곡장문화권이면서 어장문화권에 들어간다. 고대에는 동아시아에도 어장이 있었으나 현재는 쇠퇴한 편이고, 동남아시아는 전통적인 어장문화권으로 두장이 없었으나 근래에 중국 화교들이 진출하면서 간장이 많이 알려지게 되었다. 일반적으로 농경지역 중 벼농사를 짓지 않는 지역에는 장이 존재하지 않는다.

1. 콩의 유래

한국, 중국, 일본이 세계에서 유일하게 같은 콩장豆醬의 문화권에 있는데 그 기원이 나와 있는 문헌은 그리 많지 않다. 장의 역사를 알려면 먼저 콩이 언제부터 재배되었는가를 알아보아야 한다.

콩이 문헌에 처음 등장한 것은 기원전 6~7세기경으로 중국에서 가장 오래된 시집인 《시경詩經》에 숙菽이란 글자가 나타나면서부터이다. 중국의 제나라 환공桓公이 지금의 만주 남부인 산융山戎을 침범하였을 때 비로소 콩을 중국에 가져왔기에 콩을 융숙戎菽이라고도 한다. 그 후 중국의 여러 문헌에서 콩을 중국이 원산지가 아닌 '북방의 곡물'이라고 명확히 명시하고 있다.

콩을 재배하기 시작한 것은 문헌에 나온 기원전 6세기경이라고 하나 실제는 이보다 훨씬 이전부터 콩이 재배되었다는 것이 학계의 일반적인 견해이다. 콩의 원산지에 대해서는 여러 가지 의견이 있지만 세계적인 식물유전학자인 바빌로프Vavilov는 동아시아가 원산지라고 하였고, 일본의 후쿠다福田는 만주를 원산지로 보았다. 이 외에 여러 학자들이 이설을 따르고 있으나 중국과 일본 학자들이 반론을 들고 있다.

대체로 만주 남부지방에서 처음으로 야생종인 들콩^{덩굴콩}을 작물화하여 콩을 재배하기 시작했다는 설이 가장 유력하다. 중국 문헌에서의 북방北方은 만주지방을 가리킨다. 당시 이 지역은 중국인들이 살던 곳이 아니고 우리 조상인 맥貊족의 발상지인 옛 고구려의 땅이다. 우리의 조상들은 원래 유목계 종족으로 가축을 이끌고 동쪽으로 이동하다가 만주의 남부에 이르러 정착해 살았다. 이 지역은 그들이 지나온 초원지대와는 달리 땅이 기름지고 물이 많아서 농경에 알맞은 환경이라 유목보다는 안정된 농경생활을 하였다. 그들은 유목에서 얻어지는 단백질, 지방 위주의 식생활에서 농경에서 나는 곡물의 전분을 위주로 한 식생활로 바뀌자 자연히 단백질과 지방의 결핍이라는 새로운 문제가 생기게 되었다. 그러다가 야생의 들콩을 심기 시작하여 여기에서 부족한 단백질과 지방을 보충하게 되었다. 콩은 다른 콩과와 마찬가지로 뿌리혹박테리아를 가지고 있어서 질소비료를 주지 않아도 잘 자란다. 이와 같은 콩의 작물화는 우리 조상들이 처음으로 개발해 낸 위대한 슬기라고 할 수 있다.

지금은 콩을 한자 두豆로 표기하지만 중국에서는 숙菽이라 하였다. 원래 두豆는 기원전 2,000년대 은나라시대의 갑골문자에 나타나는데, 여기에서는 신에게 제사를 드릴 때 사용했던 굽다리 모양의 그릇을 표현

▶ 콩 두(豆)의 문자 변천

甲骨　　金文　　小篆　　楷書

한 상형문자의 하나로 콩과는 관계가 없다. 그러나 콩의 꼬투리가 마치 제기 祭器인 두豆와 비슷하다고 여겨서 기원 전후의 1세기경부터 콩을 두豆라고 표기 하게 되었다.

우리나라에서는 청동기, 철기 시대인 기원전 2,000년경 함북 회령, 평양, 남 경, 팔당, 김해 부원동 등의 유적지에서 콩의 유물이 발견되었다. 경기도 팔당 수몰지구에서 발굴된 토기에 있는 콩 자국이 우리나라 콩 재배의 오랜 역사 를 증명해 주고 있다. 《삼국사기三國史記, 1145》에는 기루왕己婁王 23년[99] '8월에 서 리가 내려 콩이 죽었다'는 내용으로 보아 당시에 콩을 재배했다는 것을 알 수 있다. 우리 조상들의 콩 개발은 그야말로 인류사의 위대한 식문화의 한 장을 연 사건이었다고 해도 과언이 아니다.

2. 두장豆醬의 시초

장은 콩을 발효시킨 두장豆醬 외에 육류로 만든 육장肉醬과 어장魚醬 등이 있다. 중국에서의 장은 원래 육장이나 어장으로 새고기, 짐승고기, 물고기 등을 말 려 가루로 낸 다음 발효시킨 것을 일컫는다. 그러다가 우리 조상들이 만들어 낸 두장이 중국에 알려져서 후일에는 두장이 일반화되었다.

두장(豆醬)의 분류와 교류

콩으로 만드는 장	시(豉) 콩단용 흩임누룩	배염유숙	[중국] → 현재도 식용하고 있다. ↑ B.C. 2세기경 [한국] (B.C. 3~4세기경) → 현재는 없어졌다. 글자만 남아 있다. ↑ A.D. 7세기경 [일본] → 현재는 극히 일부만 사용한다(하마 낫토).
		세균형 시 (청국장)	15세기경 이후 { 현재 중국에서는 식용하지 않는다. 한국과 일본에서 식용하고 있다.
	말장(末醬) 콩단용 막누룩	末都[중국] ——— → 6세기 이후에는 모습이 달라졌다. ↑ A.D. 2세기경 (末醬→메주)[한국](기원 전후) ↑ A.D. 7세기경 末醬(→미소)[일본] B.C. 10세기경	진흙 모양 [말 장 + 소금물] { 액즙부 (한) 간장 (일) 다마리 쇼유 고형부 (한) 된장 (일) 다마리 된장
	장(醬) (중국형 장) [콩+타곡물]	(된장형)	[일본] — 콩+쌀누룩(찧는다) → 일본형 된장(미소) [중국] — 콩+밀(조)누룩 → 황장 또는 大醬 [한국] — 콩의 막누룩+쌀+고추 → 고추장
		(간장형)	장유(醬油) (중국형) ——— → 일본 (14세기)　　15~16세기

출처 : 이성우, 〈고대(古代) 동(東)아시아속의 두장(豆醬)에 관한 발상(發祥)과 교류(交流)에 관한 연구〉, 한국식생활문화학회지 5(3), 1990

콩으로 만든 장이 문헌에는 한나라 시대 《논형論衡》에 처음 나오는데 콩으로만 만든 것을 시豉라 하였고, 콩에 다른 곡물을 섞어서 만든 것을 장醬이라 하였다. 그리고 콩으로만 만든 말장末醬도 있다.

시豉

중국 한나라 시대의 문헌에 '시'가 등장하는데 이것은 콩을 낱알로 발효시킨 메주이다. 《설문해자說文解字》에 보면 시를 배염유숙配鹽幽菽이라 설명하고 있다. 여기서 '숙'은 콩이고 '유'는 어두울 유로 콩을 삶아 어둡고 따뜻한 곳에서 발효시켜 소금을 섞은 것이라고 해석되지만, 당시 중국에서는 이를 물에 우려 내어 간장처럼 이용한 것 같다. 그런데 2세기의 문헌에는 '시'는 본래 중국에서 만들어진 것이 아니고 외국에서 들어온 것이라 하였고, 방언 중에 시가 있다고 하였다. 1세기의 《사기史記》에는 시는 외국산이기 때문에 아무나 손쉽게 만들 수 있는 것이 아니어서 시를 만들어 팔면 큰 이윤을 얻어 부자가 되었다고 하였다. 시가 다른 나라에서 전해졌다면 이 외국은 우리나라가 아닐까 추측해 볼 수 있다.

《삼국지三國志》〈위지 동이전〉에 고구려 사람이 발효식품을 잘 만든다는 뜻으로 '선장양善藏釀'이라 하였는데, 어떤 종류의 발효식품인지는 분명하지 않지만 술 빚기, 장 담그기 등 기술이 좋다는 말인 듯하다. 고구려의 안악 3호분의 벽화를 보면 우물가에 독이 많이 놓여 있는데, 이런 독에다 발효식품인 장이나 술 등을 담아 갈무리하여 두었을 것으로 보인다.

6세기 초에 북위 산동성山東省의 태수를 지낸 가사협賈思勰이 지은 《제민요술齊民要術》에는 시 만드는 방법이 구체적으로 쓰여 있다. "콩을 삶아 그대로 어두운 방에 재우면 콩의 낱알에 흰 옷이 덮이고 3일쯤 지나면 노란 옷黃衣, 황국균 Aspergillus을 입게 된다. 이것을 씻어서 짚 속에 묻어 두면 여러 곰팡이와 세균이 번식하여 콩의 단백질이 더욱 분해된다. 이것을 햇볕에 말린 것이 담시淡豉이고, 만들 때 소금을 넣고 햇볕에 말린 후 다시 쪄서 말리게 되면 염시鹽豉라고 하였다." 바로 이 '시'가 만들어진 곳이 중국 북부 지역의 산동성으로 고구려와 교류가 많은 지역이다. 당시에는 우리 조상인 동이東夷족들이 많이 살던 곳으로, 바로 이 문헌에 나온 시가 우리 조상들이 만들던 장의 원조에 해당한다고 볼 수 있다. 또 만주의 남부 지방을 '시'의 명산지라고도 하고, 《해동역사海東繹史》에는 중국의 《신당서新唐書》를 인용하여 고구려 유민들이 세운 나라인 발해渤海의 수도인 책성柵城의 명산물로 '시'를 들고 있다. 콩의 원산지는 우리나라이고, 중국에서는 '시'가 외국산이고, '시'의 냄새를 고려취高麗臭라고 하였으며, '시'의 명산지가 책성인 점 등을 아울러 생각해 보면, 지금의 메주에 해당되며 장의 원조인 '시'를 우리 조상들이 처음 만들어서 중국에 전한 것으로 여겨진다.

우리 문헌에는 《삼국사기》에 '시'가 처음 나온다. 신라 신문왕 3년683에 김흠운의 딸이 왕비로 간택되어 입궐할 때 납채納采로 쌀, 술, 기름, 꿀, 장, 시, 포, 혜醯 등 135수레와 조곡 150수레를 보냈다는 기록이 나온다. 신라시대에는 시와 장이 함께 존재했는데, 이들이 폐백 품목에 들어 있는 것으로 보아 장이 당시에 중요한 기본 식품 중 하나였음을 알 수 있다.

말장末醬

말장은 콩을 삶아 찧어서 덩어리로 만들어 발효시킨 것으로, 바로 오늘날의 메주이다. 우리나라에서는 이미 철기시대부터 원삼국시대 초기에 만들어져서 장의 주류를 이루게 되었다. 삼국시대 우리나라 문헌에는 말장에 관한 자세한 기록은 없으나 중국이나 일본 문헌을 통하여 당시의 말장에 관해 알 수 있다. 이전부터 만들어 온 시 대신에 메주를 개발하여 말장이라 불렀으며 이것이 중국의 후한시대 세시기歲時記인 《사민월령四民月令》에는 말도末都로, 《제민요술》에는 두장豆醬으로 그 모습을 나타낸다. 《삼국사기》에 신라 신문왕의 결혼예물 품목 중에 장醬과 시豉가 나오는데 이 장이 말장인 메주인지는 확실하지 않다.

우리의 장이 중국에 전해졌다는 문헌상의 근거는 없지만 일본으로 전해진 사실에 관해서는 확실한 자료들이 있다. 중국에서는 2세기 문헌에서 말장을 '말도moh du'라 하였다. 일본에서는 8세기 문헌에 처음 말장末醬이 등장하였고, 10세기에는 고려장高麗醬이라 표기하였으며, '미소miso'라 불렀다.

우리나라의 경우 고려시대《계림유사鷄林類事, 1103년 이후》에는 '밀조密祖'라 하였으며, 조선시대《동문유해同文類解, 1748》에는 만주어로 '미순'이라 하고 몽고어로는 '미수迷速'라고 하였다. 또한《증보산림경제增補山林經濟, 1766》에는 말장을 '며조'라고 하였다. 고구려 땅에서 발생한 대두大豆문화가 말장의 형태로 중국과 일본 등 사방으로 퍼져 나갔음을 짐작할 수 있다.

중국의 장

중국의《제민요술》에는 장醬이라고 하여 육장肉醬, 어장魚醬, 두장豆醬 등이 나오는데, 여기의 두장은 우리의 것과는 약간 다르다. 밀이 흔한 중국에서는 콩을 쪄서 밀로 만든 누룩을 섞어서 발효시킨 메주를 두장이라고 했다. 중국의 두장은 시를 만드는 원리를 변형시킨 것으로 그 지방에서 많이 나는 밀을 섞어서 단맛이 더 강하다. 이 두장은 소금을 섞어 숙성시켜서 된장처럼 만들어 먹거나 소금물에 넣어 숙성시킨 후 소쿠리에 받아 아래 내린 즙액을 간장처럼 이용하기도 하였다. 이를 두장청豆醬淸이라고 하였다. 두장의 이용방법은 메주와 비슷하지만 중국에서는 시즙豉汁보다 덜 이용되었던 것 같다.

▶ 현재 중국에서 판매하는 시

중국의《제민요술》이전 시대인 2세기에 이미《사민월령》이라는 달거리 농서에 말도末都가 나온다. "정월 상순에 콩을 볶고 중순에 이것을 삶아 다시 찧어서 말도를 만들고, 말도에 외를 재워서 장아찌를 만든다."고 설명하고 있다. 이는 우리 말장^{메주}의 음이 비슷하게 전해진 것으로 추정된다. 6세기 이후에는 메주 형태의 장이 중국 문헌에는 전혀 나오지 않으며 그 이후 실물도 아주 사라져 버렸다.

시는 우리나라에서 자취를 완전히 감추었지만 중국이나 동남아 화교들이 사는 곳에서는 지금도 많이 쓰이고 있으며, 일반 식품점에서 작은 봉지에 포장하여 판매되고 있어 쉽게 살 수 있다. 언뜻 보면 건포도나 콩자반을 말린 것처럼 생겼는데, 이를 물에 담가 우러난 즙액을 쓰거나 볶음이나 탕, 찜 등에 다져 넣기도 한다.

일본의 장

일본에 장이 전래된 것은 중국에 비해 훨씬 늦은 7세기경이다. 일본의 학자 아라이 하쿠세키^{新井白石,} ^{1657~1725}는 그의 저서에서 "고려의 장인 말장^{末醬}이 일본에 들어와서 그 나라 방언 그대로 '미소'라고 불렸고 고려장^{高麗醬}이라고 적는다."라고 하며, 한국에서 장이 전해졌다는 사실을 분명하게 명시하였다.

고구려의 사신이 일본의 천지천황[666] 때 말장 만드는 법을 전하였다고 기록한 문헌이 꽤 많다. 8세기경 일본의 문서에 장^醬, 시^豉, 말장^{末醬}의 세

▶ 일본 나라시대 목간에
나타난 말장과 시

가지가 분류되어 있는데 시는 앞서 나온 것과 같이 콩 낱알을 발효시킨 것이고, 말장은 우리나라의 메주처럼 콩만으로 만들어 발효시킨 것이며, 장은 콩에 곡물의 누룩을 섞어서 만든 것으로 중국식 장의 영향을 받은 것으로 보인

다. 《정창원문서正倉院文書, 739》에도 말장이라는 말이 확실히 나온다. 처음에는 콩으로만 만든 말장이 일본에 전해졌으나 나중에는 쌀메주를 섞어서 만들어 일본 특유의 된장미소으로 바뀌었다. 일본에서도 우리나라와 마찬가지로 시의 존재는 없어졌다. 현재에 전하는 간장은 1400년대 이후에 일본인들이 만들어 낸 것이다.

3. 장의 변천

삼국시대의 장

장을 만들려면 우선 소금과 콩이나 전분성 식품이 구비되어야 한다. 우리나라의 장은 콩만으로 담그므로 고대의 장을 추정하는데 콩과 소금의 존재가 기본 여건이 된다. 중국의 《삼국지》〈위지동이전魏志東夷傳 고구려조〉에는 "먼

▶ 고구려 안악3호
고분벽화

곳에서 쌀을 비롯하여 어류·소금을 공급받았으며, 큰 창고는 없으나 집집마다 부경桴京이란 작은 창고가 있었고, 고구려 인들은 스스로 즐기며 음식물을 저장하고 양釀하기를 잘 한다."고 한 것으로 보아 저장성 발효음식을 다양하게 갖추고 있었음을 알 수 있다. 〈옥저조〉에는 "고구려는 옥저 사람에게 대사의 벼슬을 주어 그 땅을

통솔하게 하였는데, 그들은 포목·생선·소금·해산물을 천 리 길을 짊어지고 와서 바쳤다."고 되어 있는데, 이는 동해에 면해 있는 옥저에서 소금을 제조하여 고구려에 바친 것이다.

"고구려 사람은 선장양善藏釀한다."고 하였는데, '장양'이란 술 빚기, 장 담그기, 채소절임과 같은 발효식품의 총칭으로 해석된다. 한편 4세기의 고구려 고분인 안악安岳 3호 고분벽화 중 우물가 모습에 발효저장식품을 갈무리하였으리라 추측되는 큰 독들이 많이 보인다. 삼국시대 초기부터 장의 원료인 콩과 소금, 그리고 가공용기인 항아리가 구비되어 있고, 발효식품을 만드는 기술이 있었던 점으로 미루어 보아 우리 조상들은 메주로 장을 만들어 일상적으로 식용하였다고 짐작된다. 당시의 장은 간장도 된장도 아닌 걸쭉한 형태였을 것으로 추정된다.

중국의 《주서周書》에는 "백제는 땅과 밭이 습하고 기후가 따뜻하여 오곡과 과실·채소·술·예醴, 감주 및 찬품·약품 등이 중국과 많이 닮아 있다."고 하였다. 또, 《수서隋書》에는 "신라는 땅이 비옥하고 오곡·과실·채소·동물류의 생산물이 중국과 유사하며, 그 밖의 생활풍습 등이 고구려·백제와 같다."고 하였다. 삼국시대의 세 나라는 생활환경이 유사했다. 오곡 중에 콩이 쌀 다음의 중요한 곡물로 생산되었고, 장류를 비롯한 발효음식들이 일상생활화되었으며 그 수준이 비슷하였다고 추정된다.

장醬에 대한 기록이 처음 등장한 것은 신라시대 신문왕재위 681~692 때로《삼국사기》에 나온다. 신문왕이 김흠운金歆運의 딸을 왕비로 간택하여 혼인할 때 683 납채納采 품목으로 쌀米, 술酒, 기름油, 꿀蜜, 포脯, 혜醯와 함께 장醬과 시豉를 135수레 보냈다는 기록이 있다. 혼례 때 곡물과 더불어 장과 시가 쓰였음은 이것들이 당시에 이미 우리 조상들에게는 필수적인 식품이었음을 알려 준다. 삼국시대에 장醬은 일반적으로 메주가 소금물에 잠겨 있는 상태 그대로 간장

과 된장을 분리하지 않았다고 보는 견해가 지배적인데, 분리되지 않은 것은
장醬, 즙액만 모은 것은 장醬으로 구분하기도 한다.

고려시대의 장

《고려사高麗史, 1451》의 몇 군데에 장과 시가 나오는데, 모두 굶주린 백성을 구제
하기 위하여 쌀, 조와 함께 장과 시가 들어 있는 것으로 보아 고려시대에 우
리 조상들에게는 가장 필수적인 식품이었던 것 같다. 《고려사》 열전 〈최승로
조〉에 임금이 장주醬酒와 시갱豉羹을 길에서 나누어 주었고, 현종 18년1018에는
거란의 침입으로 추위와 굶주림에 떠는 백성들에게 소금과 장을 나누어 주었
으며, 문종 6년1052에 개경의 백성 3만여 명에게 쌀*, 조粟, 시豉를 내렸다는 기
록이 있다.

   고려시대에는 장 자체를 메주라 하였고, 조선시대 초기에 바뀌었다. 장을
만드는 누룩을 말장末醬이라 하고 장은 된장이나 간장 등을 나타내게 되었다.
말장은 며주 또는 메주를 말하며 현재까지도 전해지고 있다. 말장은 메주를
소금물 속에 넣어 숙성시켜서 건더기는 된장, 즙액은 간장으로 이용하고 있
다. 시는 우리나라에서 현재 자취를 완전히 감추었으나 말장인 메주는 오늘
날까지도 소금물 속에서 숙성시켜 장을 만드는 데 사용되고 있다.

조선시대의 장

조선시대에도 콩메주로 만든 장이 주류를 이루었고 오늘날까지도 이어지고
있다. 《아언각비雅言覺非, 1819》에는 "우리나라에서는 두장豆醬만을 장으로 알고
있으며 시국豉麴을 메주라고 하는데, 이것은 모두 속어이다."라고 하였다. 《증
보산림경제》에서 "장醬은 장將이다. 모든 맛의 으뜸이요, 인가의 장맛이 좋지

않으면 비록 좋은 채소나 맛있는 고기가 있어도 좋은 요리가 될 수 없다. 촌야의 사람이 고기를 쉽게 얻지 못해도 여러 가지 좋은 장이 있으면 반찬에 아무런 걱정이 없다. 가장은 모름지기 장 담그기沈醬에 뜻을 두고 오래 묵혀 좋은 장을 얻도록 해야 할 것이다."라고 한 것으로 보아 장 담그기를 아주 중하게 여겼음을 알 수 있다.

조선시대에 중국으로부터 청국장이 전해졌다. 병자호란 당시 호군이 군량으로 들여와 운반하기 좋은 장을 보고 이것을 청국장淸國醬 또는 전쟁통에 만든 장이어서 전국장戰國醬이라 부르게 되었다. 《증보산림경제》에 전시장煎豉醬 속칭 전국장이라 하여 "햇콩을 삶은 뒤 가마니에 재우고 따뜻한 곳에서 3일간 두어서 실을 뽑게 되면 따로 콩 5되를 볶아 가루를 내고, 두 가지를 섞어서 절구에 찧어 햇볕에 말리는데, 때때로 맛을 보아 소금을 가감하여 삼삼하게 담근다."고 하였다. 보통 장을 담그는 메주는 미생물 중에 곰팡이의 작용으로 발효가 이루어지지만 청국장은 세균에 의해 발효되기 때문에 짧은 시간에 발효가 이루어지는 속성 장이다. 콩을 낟알로 발효시키는 점은 시와 비슷하다. 이 청국장은 우리나라뿐만 아니라 일본에도 전해졌는데, 이는 낫토納豆라고 불리며 일용식품으로 현재에도 상당히 많은 양이 생산, 소비되고 있다.

조선시대의 식품 관련 문헌에 나오는 장의 종류는 매우 다양하다. 우리나라 최초의 음식책으로 인정받은 《산가요록山家要錄, 1450년경》에는 전시全豉를 비롯하여 19종의 장이 나와 있고, 《임원십육지林園十六志, 1835》에는 장 20여 종과 시 12종이 소개되어 있다. 조리 관련 옛 문헌에서 기본적으로 다루는 목차에 장이 포함되어 있는 것을 보면 장의 중요성을 더욱 잘 알 수 있다.

- **산가요록**山家要錄, 1450년경 : 전시全豉, 말장훈조末醬薰造, 합장법合醬法, 간장艮醬, 난장卵醬, 기화청장其火淸醬, 태각장太殼醬, 청장淸醬, 청근장菁根醬, 상실장橡實醬 선용장旋用醬, 천리장千里醬, 치장雉醬, 치신장治辛醬

- **수운잡방**需雲雜方, 1540년경 : 조장법造醬法, 청근장菁根醬, 기화장其火淸, 전시全豉, 봉리군전시방奉利君全豉方

- **요록**要錄, 1680년경 : 청장淸醬, 급장急醬

- **주방문**酒方文, 1600년대 말 : 즙장汁醬, 왜장倭醬, 육장肉醬, 급히 쓰는 장易熟醬, 쓴장 고치는 법救苦醬法

- **치생요람**治生要覽, 1691 : 조장造醬, 합장合醬

- **산림경제**山林經濟, 1715 : 생황장生黃醬, 황숙장黃熟醬, 면장麵醬, 대맥장大麥醬, 유인장楡仁醬, 동인조장東人造醬

- **민천집설**民天集說, 1752 : 합장合醬, 장맛 고치는 법救醬失味法, 황숙장黃熟醬, 면장麪醬, 시장豉醬, 말장末醬, 즙저寒露沈汁菹, 대맥장大麥醬, 청장造淸醬, 즙장造汁醬

- **증보산림경제**增補山林經濟, 1766 : 대맥장大麥醬, 유인장楡仁醬, 소두장小豆醬, 청태장靑太醬, 급청장急淸醬, 만초장蠻椒醬, 전시장煎豉醬, 청태전시장靑太煎豉醬, 수시장水豉醬, 초장炒醬, 뜸장炎醬, 장떡醬餠, 담수장淡水醬, 천리장千里醬

- **고사십이집**攷事十二集, 1787 : 생황장生黃醬, 황숙장黃熟醬, 면장麵醬, 대맥장大麥醬, 유인장楡仁醬, 동국장東國醬

- **규합총서**閨閤叢書, 1815 : 어육장魚肉醬, 청태장靑太醬, 급조청장急造淸醬, 고추장, 청육장戰國醬, 즙지이, 집장汁醬, 집메주장, 두부장

- **임원십육지**林園十六志, 1835 :

  장 동국장東國醬, 청두장靑豆醬, 남초장南椒醬, 순일장旬日醬, 담수장淡水醬, 감저장甘藷醬, 중국장中國醬, 생황장生黃醬, 소두장小豆醬, 완두장豌豆醬, 소맥면장小麥麵醬, 대맥장大麥醬, 부장麩醬, 지마장芝麻醬, 마택장麻澤醬, 유인장楡仁醬 무이장蕪荑醬

시 담시淡豉, 함시醎豉, 금산사시金山寺豉, 주두시酒豆豉, 수두시水豆豉, 십향두시十香豆豉, 성도부시成都府豉, 즙방汁方, 부시麩豉, 과시瓜豉, 두황豆黃, 홍염두紅鹽豆

- **주찬**酒饌, 1800년대 : 간장艮醬, 청장 만드는 법造淸醬法, 고초장古草醬, 일반 집장법常汁醬法
- **시의전서**是議全書, 1800년대 말 : 간장艮醬, 진장眞醬, 약고초장, 집장汁醬, 담북장淡北醬, 청국장淸湯醬

고추장은 다른 장보다 훨씬 늦게 먹었다. 우리나라에 고추가 들어온 시기는 임진왜란1592 이후이나 일반에 널리 쓰인 것은 1700년 중엽에 이르러서이다. 장에 고추를 넣어서 만든 장으로 만초장蠻椒醬이라 하여 《증보산림경제》에는 "콩으로 만든 말장가루 1말에 고춧가루 3홉, 찹쌀가루 1되의 삼미三味를 취하여 청장으로 개어서 침장한 뒤 햇볕에 숙성시킨다."고 나와 있는데, 이것이 오늘날의 고추장과 비슷하다. 실은 고추가 이 땅에 들어오기 이전에 허균이 지은 《도문대작屠門大爵, 1611》에 초시椒豉가 나오는데, 이는 산에 나는 천초川椒를 섞은 된장이다. 25년 후에 나온 《월여농가月餘農歌, 1861》에는 고추장을 번초장蕃椒醬이라 하였다. 1800년대에 나온 《규합총서》와 《농가월령가農家月令歌》 등에 비로소 '고추장'이라고 명시되어 있다.

궁중의 장

1. 궁중의 메주

조선시대 말까지 매해 장을 담갔으나 전쟁 중에는 3년에 한 번 정도 담갔다고 한다. 궁중의 장 담기에 쓰이는 메주는 궁에서 직접 만들지 않았다 한다. 관아에서 공물貢物로 받는 품목 중에 메주가 들어 있었으며, 훈조계燻造契에서 맡아 쑤어 궁으로 들여왔다. 추수철에 콩을 주고 메주를 쑤게 했는데 콩 1섬을 주면 메주 다섯 말을 가져오게 하고 나머지 다섯 말은 보수로 주었다고 한다.

진장은 절메주로 담갔는데 이는 지금의 세검정인 자하문 밖의 절에서 쑤어 4월 말에 들여왔다. 절메주는 보통 메주와 쑤는 시기와 발효시키는 법이 다르다. 음력 4월 새 풀이 무성하게 자랄 무렵 검정콩을 푹 삶아 절구에 찧거나 섬이나 가마니 자리 위에 삶은 콩을 부어 베버선을 신고 발로 밟아 으깬 후 메주를 빚는다. 보통 집메주보다 4배 가량 크고 넓적하게 만든다. 메주를 띄울 때는 새 풀을 베어다가 빚은 메주를 얹고 다시 그 위에 풀을 덮어서 단시일에 까맣게 되도록 띄운다. 중장은 절메주가 아닌 일반 집메주로 쑨다. 집메주는 음력 10월이나 동짓달에 쑤는데, 목침 모양으로 만들어 꾸덕꾸덕하게 마르면 메주 사이에 볏짚을 놓아 훈훈한 온돌방에서 띄운다. 짚으로 두 개씩 매달아 겨우내 띄우기도 한다. 집메주도 궁에서 만들지 않고 백성들이 쑤어서 공물로 바쳤다. 고추장은 떡메주로 담그거나 집메줏가루로 담갔다.

2. 궁중의 장독대

1940년대에 마지막 왕비인 순정황후가 창덕궁 낙선재에 머물러 있을 무렵의 궁중의 장에 대하여 황혜성 교수는 《한국요리백과사전1976》에 다음과 같이 기록하였다.

　"왕가가 기울고 단출한 살림이어서 장도 조금씩 담그던 시절이었다. 소주 방燒廚房, 궁중의 주방에는 네 분 상궁이 두 분씩 돌며 5일을 근무하고 안국동 별동에 있는 사가에 돌아간다. 그러나 장고醬庫를 지키는 70세의 노 상궁은 장고 옆에 붙은 기와집에서 조그마한 조카딸을 데리고 살았다. 장고의 책임자를 장고마마라 했는데, 궁중에서 쓰이는 모든 장을 담그고 장을 분배하는 직책을 가졌다. 장고는 교실보다 훨씬 크고 바닥을 높이 쌓아올렸으며 한편에 있는 출입문에는 큰 빗장을 지르고 자물통이 매달려 있었다. 장독은 우리가 흔히 보는 배가 부른 둥근 독이 아니라 말뚝항아리라 하여 아

동궐도의 장고
◀ 인정전 동북쪽,
대조전의 서쪽에 위치
▼ 통명전 서쪽과 서남쪽 위치
▶ 자경전 동쪽 위치

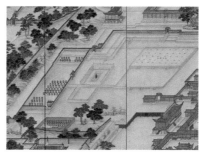

▶ 복원해 놓은 경복궁의
　함화당 옆 장고

래로 내려가며 홀쭉해지는 새우젓독 같은 것이다. 넓은 전이 달려 있고 유
약을 바르지 않아 회색빛이 났는데, 두들기면 투명한 소리가 나며 키가 1m
가 넘는 것들이었다. 독 밑에는 든든한 판석을 깔고 나란히 열을 지어 놓
았는데 장 담근 연대순으로 장의 이름이 달랐다. 진장眞醬, 중장, 묽은 장
淸醬, 고추장, 된장 등 수십 개가 열을 지어 잘 정돈되어 있었다. 낙선재에서 가
장 묵은 장은 순종이 즉위하실 때 담근 것이었는데 조청 같이 까맣고 달짝지근
한 것이 진미였다 한다. 그 진장은 약식, 전복초 같이 검은 빛을 내는 데만 아
껴 사용해 6·25 전쟁 때까지도 남아 있었는데, 전쟁 중에 궁에 들어온 인민군
들이 모두 퍼 가고 독도 산산이 흩어져 버려 이후로는 모두 없어졌다고 한다.”

　장고는 낙선재 소주방燒廚房의 서쪽에 있었으며, 장독은 물 5동이가 넉넉히
들어갈 만큼 컸다. 궁중의 장은 불로 달이지 않고 볕에만 쪼이면서 오래 묵혔
다. 날이 좋으면 뚜껑을 열어 볕을 보게 하고 장이 증발하여 줄어들면 나란히

있는 독 중에 담근 햇수가 적은 장독에서 부족한 만큼 장을 떠서 오래된 장독에 보충하여 간장독을 항상 독전까지 장을 채워 놓았다. 간장이 독전까지 가득 차게 관리하고 주변을 늘 깨끗이 정리하며 뚜껑 열었다 덮었다 하는 일을 게을리하지 않았다.

3. 궁중의 장 종류

궁중에서 진장은 절메주로 담갔으며 간장을 뜨고 남은 메주는 먹지 않고 버렸다. 5월 초에 날을 가려서 메주를 물에 담가 씻어 말리고 네 쪽으로 쪼갠다.

▲ 검은콩 메주

　장 담그기 며칠 전에 큰 독에 시루를 앉히고 소금을 넣고 물을 퍼부어 간국을 내린다. 물 1동이에 소금 3되의 비율로 풀어서 가라앉힌다. 장을 담글 때는 큰 독을 깨끗이 씻어 물기를 완전히 말리고 그 바닥에 꿀 1종지, 참기름 1종지와 빨갛게 피운 참숯덩이 5~6개를 넣어 꿀과 기름이 타서 냄새가 나고 연기가 서리게 한다. 여기에 소금물을 한 바가지 붓고 독 바닥에 1/3 정도까지 차게 메줏덩이를 차곡차곡 넣는다. 장독 안 둘레에 우물 정#자로 차곡차곡 쌓아 올려 독전까지 가득 쌓는다. 장종지나 국자가 드나들 수 있을 정도로 독의 가운데를 뚫어 놓는다. 여기에 풀어 놓은 소금물을 겹채로 받아서 가득 붓는다. 일주일 정도 지난 후 소금물이 메주에 스며들어 붙게 되면 메줏덩이가 허물어지지 않게 다시금 손질한다. 즉 소금물을 떠내고 가장자리에 쌓은 메주를 다시 쌓는데, 이때 사이사이의 구멍은 작은 메줏덩이로 메우고 정월에 담가서 건져 낸 집메주 된장으로 회 틈을 메우며 발라 고정시킨다. 이 것을 메주밥을 준다고 한다. 맨 위에 된장을 한 번 발라 입히고 소금을 하얗 게 뿌린 후에 떠낸 소금물을 다시 부어 둔다. 매일 볕을 쪼이면서 6월 20일경 까지 장이 우러나게 둔다. 이 장은 까맣고 달게 우러나므로 꽃장^{醋醬}이라 하고 상품^{上品}으로 치는 진장이다.

매일 아침 장독을 물행주로 닦고 뚜껑을 열어 두고 해 지기 전에 뚜껑을 닫 는 일이 장고마마에게는 큰 일거리였다. 묵은 장독에 들어 있는 장이 볕에 줄 어들면 줄어든 양만큼 그 아래 햇수의 장을 부어 독을 가득 채운다. 장독을 가득 채우지 않으면 곰팡이가 피고 장맛이 변한다. 장을 국자로 가만가만 떠 내어 다른 독에 옮긴 다음 2차로 소금물을 주어 10월까지 우려서 다시 떠우 면 중장^{中醬}이 된다. 중장은 진장과 청장의 중간 장으로 색이 까맣고 보편적으 로 많이 쓰인다. 때로 이 장은 떠내지 않고 그대로 두어 장이 볕에 졸아서 줄 어든 대로 다른 묽은 장을 보태어서 두기도 하니 겹장이라고 할 수 있다.

궁에서는 음식에 된장이나 고추장을 쓰는 일은 거의 없어서 간장에 유난 히 신경을 쓰고 정성을 기울인 듯하다. 조선시대 말 고종과 순종은 매운 것과 짠 것을 특히 싫어하셨다. 아주 드물게 1년에 한두 차례 된장찌개를 찾으시면 '절미된장조치'라 하여 맛깔스럽게 조금씩 끓여서 올렸고, 김쌈에 약고추장 ^{고추장볶음}을 넣어 드셨다고 한다. 궁의 된장은 수라상에 쓰기보다는 궁에 사는 사람들이 먹기 위해 담그는 것으로, 정월에는 물 1말에 소금 2되면 된다. 날이 더워질수록 소금의 양을 늘려야 장맛이 변하지 않는다. 독에 소금물을 붓고 메주를 넣고 40일쯤 되면 장이 맛있게 우러난다. 이 때 메주를 건져 으깨면 노랗고 맛있는 된장을 얻는다. 간장은 고운체에 밭쳐 다른 독에 가득히 채우 고 볕을 부지런히 쬐기만 하고 불에 달이지는 않는다. 여기서 얻은 된장은 임

◀ 장항아리에 참숯 넣고
꿀 붓기
▶ 소금물에 메주 넣기

금님의 수라상에 쓰지 않고 나인들의 찌개나 국을 끓이는데 쓰였다.

  고추장을 만들 때에는 메줏가루를 볕에 널어 말려 놓고, 찹쌀가루는 더운
물로 익반죽하여 손바닥만 하게 반대기를 짓는다. 이것을 끓는 물에 넣어 익
혀 뜨는 떡을 건져서 큰 자배기에 담고 떡 삶은 물을 조금씩 넣어가면서 큰
방망이로 멍울을 풀고 꽈리가 일도록 젓는다. 그리고 베보를 덮어서 따뜻한
곳에 하룻밤 재워 떡이 삭아 홀홀하면 메줏가루를 넣고 푼 다음에 고춧가루
를 넣고 꿀이나 조청을 넣어 달게 한다. 궁중에서는 엿기름가루를 잘 쓰지 않
았다. 메줏가루를 넣고 떡이 삭은 다음에 소금이나 간장으로 간을 맞춘다. 버
무린 고추장을 작은 항아리에 나누어 담고 방망이를 하나씩 꽂아 두어 매일
저어서 넘치지 않고 잘 발효되도록 한다. 궁중에서는 찹쌀고추장만 담갔다고
하며, 초고추장과 볶은고추장인 약고추장을 만들고 조치에도 맵지 않게 풀어
사용했다.

조선시대 궁중에서는 섣달 그믐날에 날메주물을 먹는 풍습이 있었다고 한다. 섣달 그믐날 새벽에 백항아리에 소금물 끓인 것을 식혀서 담고 거기에 메주를 뚝뚝 떼어 넣었다가 우러난 물을 마셨는데, 왕과 왕비를 위시하여 하인들까지 모두 마셨으며 이를 '무장'이라고 했다. 이는 묵은 해를 보내고 새해를 맞이하기에 앞서서 하는 벽사^{辟邪}의 행사인 듯하다.

한국의
장 문화와 풍속

1. 장에 관한 민속

속 담

- 메주를 짝수로 만들면 불길하다.
- 2월에 장을 담그면 조상이 제사를 받지 않는다. ^{충청도}
- 3월에 간장을 담그면 제사를 못 지낸다. ^{전라도}
- 장독에 새 솔을 덮으면 나쁘다.
- 신일에 간장을 담그면 장맛이 변한다.
- 간장독을 깨뜨리면 집안이 망한다.
- 장독에 쥐가 빠지면 집안에 나쁜 일이 생긴다.
- 망한 집은 장맛이 변한다.
- 한 고을의 정치는 술맛으로 알고, 한 집안의 일은 장맛으로 안다.

옛날에는 집안일 중 가장 큰 일로 장 담그는 일과 김장을 꼽았다. 그래서 장을 담그려면 미리 목욕재계하고 택일하여 고사를 지내는 등 부정이 타지 않게 조심하였다. 장맛이 변하면 아주 불길하게 여겨 장을 관리하는 데에 온 갖 노력을 기울였다. 그러다 보니 장에 관한 오랜 경험이 속담으로 전해져 내려오고 있다. 이러한 것들은 모두 장맛을 지키기 위해 애쓴 선조들의 노력이 담긴 것들이다. 장맛은 그 집안의 길흉을 상징할 만큼 중요하다는 의미이다. 새로 시집온 며느리는 물론이고 한 집안의 부녀자들이 장맛에 신경을 쓰지 않을 수가 없었다. 장맛이 나빠지면 집안이 망할 징조라며 온갖 미움과 눈총 을 받았을 것이니 말이다. 집안의 식구가 죽거나 몹쓸 병에 걸리는 해에는 이 상하게 장에 벌레가 생기고 변질되어 장을 담근 후에도 수시로 장을 살피는 등 장독 간수에 마음을 썼던 것이다. 또한 장은 무엇보다 덕이 있는 주부가 담가야 장맛이 살아난다고 여겼다. 그래서 '말이 많은 집은 장맛이 쓰다.'고 했고 '며느리가 잘 들어오면 장맛도 좋아진다.'는 속담도 생겼다.

- 장이 단 집에 복이 많다.
- 장 단 집에는 가도 말 단 집에는 가지 마라.
- 말 많은 집은 장맛도 쓰다.
- 고추장 단지가 열둘이라도 서방님 비위를 못 맞춘다.
- 된장에 풋고추 박히듯
- 구더기 무서워서 장 못 담글까.
- 얻어먹어도 더덕 고추장
- 뚝배기보다 장맛이 좋다.
- 딸의 집에서 가져온 고추장
- 간장국에 마른다.
- 아기 배서 담은 간장으로 그 아기가 결혼할 때 국수 만다.
- 팥으로 메주를 쑨대도 곧이듣는다.

- 콩으로 메주를 쑨다고 해도 곧이듣지 않는다.
- 소금에 아니 전 놈이 장에 절까?
- 부뚜막의 소금도 집어 넣어야 짜다.

　장에 비유해 덕담을 하고 집안을 칭찬하는가 하면 은근히 꼬집기도 하는 일이 많았는데, 이것은 그만큼 장이 민족적 공감대를 형성하고 있기 때문이다. 그 외 인심, 세태, 처세 등을 장의 특성에 비유한 재미있는 속담도 많이 전하고 있다.

민요

음력 정월 보름 무렵에 지신地神을 위한다고 하여 영남지방의 곳곳에서 널리 행해지던 민간 행사의 하나로 지신밟기가 있다. 지신은 마을 공동체의 수호신 역할을 하는 민간 신앙의 대상으로, 지신밟기는 잡귀를 물리치고 마을과 가정의 평안을 비는 축제의 하나이다.

　꽹과리, 북, 장구, 징 등을 갖춘 풍물패가 앞장을 서고 양반, 머슴, 각시 등이 뒤따르며 길놀이를 한다. 지신밟기 패가 각 집을 돌면 주인은 정화수를 떠 놓고 음식을 베풀며, 지신밟기 패는 연회와 소리를 하며 지신풀이를 한다. 흔히 마당밟기, 뜰밟기라고도 하는데, 터주라는 신에게 풍작을 기원하고 재액을 물리쳐 줄 것을 비는 것이다. 이 지신밟기 소리 중에 장독풀이란 대목이 있다. 여기에도 역시 된장 맛이 꿀같이 달아지고 어떠한 부정도 타지 않기를 기원하는 내용이 담겨 있다. 장맛이 변하는 것을 귀신의 장난 때문이라고 믿었던 옛날 사람들은 장을 담글 때 부정이 타지 않도록 몸가짐을 조심했고, 장독대에 금줄을 둘러 귀신의 접근을 막으려 했던 것이다.

연초에 지신에게 잘 빌어 잡신이 장맛을 그르치지 않도록 기원하는 내용이
장독풀이에 들어 있다.

에헤루 지신아	장독 지신 울리자
중국에는 농사법을	신농씨가 법을 내고
우리 나라 농사법은	고씨 양반이 법을 낼 때
앞뜰에 논을 갈고	뒤뜰에 밭을 갈아
농부들이 씨를 뿌려	가지마다 꽃이 피네
낙화 끝에 열매 열 때	열매 이름 없을 소냐
콩개차 사경 쓰니	그 열매가 콩이로다
콩 팔아서 장 담글 제	소금 풀어 장을 담고
구룡수 좋은 물에	장을 한 독 담아 볼까
칠성강수 좋은 물에	장을 한 독 담아 볼까
압록강수 좋은 물에	장을 한 독 담아 볼까
두만강수 좋은 물에	장을 한 독 담아 볼까
낙동강수 좋은 물에	장을 한 독 담아 볼까
이신주령 아는 물에	장을 한 독 담아 볼까
황토 파서 금토 놓고	삼일기도 바랜 후에
이 장 저 장 다 담으니	
간장 빛은 짙어지고	된장 빛은 우려 주소
이 장 저 장 다 먹어도	꿀맛 같이 달아 주소
일 년 하고도 열두 달에	
독사배가 막아 주소	영양 부정도 막아 주소
찔레꽃은 만발해도	꽃가지 꽃은 피지 마소
어히여루 지신아	장독 지신 울리자
꿀 치자 꿀 치자	이 장독에 꿀 치자

강원도 벌이 날아와
꼬장은 매워야
막장은 달아야
잡귀잡신은 물알로

이 장독에 꿀 치네
지렁장은 짭아야
된장은 누렁어사
만복은 이리로

– 동래 지신밟기 중 장독풀이

여루여루 장독아
이 장독에 꿀 치자
오분장에 꿀 치고
모두모두 다 꿀 치자
여루여루 장독아
잡구잡신은 소멸로 하고

꿀 치자 꿀 치자

된장 막장 꿀 치고

천 년 만 년 울리소
만복은 이리로

– 수영 지신밟기 중 장독풀이

어여루 지신아
이 장독이 생길 적에
앞밭에 콩 심어
가을이라 추수하여
바닷물을 길어다가
염밭 따라 소금 내어
향하수를 길어다가
콩을 씻어 미주 쑤어
거미줄 닦은 후에
좋은 날 갈이 받아
이 집이라 대부분인

장독가세로 울리세
명산 잡아 생겼구나
부지런히 가꾸어서
여기저기다 재어 놓고
염밭을 다룬 후에
여기저기 재워 놓고
이거 저거 품어 놓고
뜨신 방에다 달아 놓고
깨끗이 씻어 놓고
오색토록 금토 놓고
이 장을 담을라고

중탕에 목욕하고　　　　　　　　하탕에 손발 씻고

상탕에 물을 떠서　　　　　　　　조왕 축제 푸념이다

- 밀양지신밟기 중 장독풀이

또한 농가에서 다달이 해야 할 일과 철마다 알아야 할 풍속을 노래한 농가

월령가가 있다.

그 중 3월령, 6월령, 11월령에 장 관련 내용이 있는 것으로 보아 한국에서

장의 중요성을 볼 수 있다.

부녀야 네 할 일이 메주 쑬 일 남았구나

익게 삶고 매우 찧어 띄워서 재워 두소

- 농가월령가 중 11월령

인가에 요긴한 일 장 담는 정사로다

소금을 미리 받아 법대로 담으리라

고추장, 두부장도 맛맛으로 갖춰 담으소

전산에 비가 개니 살찐 향채 캐오리라

삽주, 두릅, 고비, 도랏, 어아리를

일 분은 엮어 달고 이 분은 무쳐 먹새

- 농가월령가 중 3월령

장독을 살펴보아 제 맛을 잃지 마소

맑은 장 따로 모아 익은 족족 떠 내어라

비오면 덥기신측 독전을 정히 하쇼

- 농가월령가 중 6월령

북한에서 간행한 관광용 요리책자인 《이름난 평양음식》조선료리협회에 된장을 민족의 음식으로 극찬하며 노래로 만든 것이 있어 소개한다.

1절
세상에 나서 밥술을 뜰 때 처음으로 맛들인 것은
내 어머니가 메주를 쑤어 손수 담근 토장이었네

2절
진수성찬을 앞에 놓아도 서로 찾는 토장이야
조국을 떠나 이역에 가도 먼저 찾는 토장일세

3절
흙냄새 나는 조선의 토장 세상에서 으뜸이요
통일잔치 날 온 겨레 모여 시원하게 들어 보세

후렴
민족의 향기 넘치어 나는 그 맛은 정말 별맛이라네
아 우리네 토장 그저 그만 그저 그만

– 토장의 노래

2. 장 담그기 풍습

'한 집안의 음식 맛은 장맛에 좌우된다.'는 말이 결코 옛말만은 아닐 것이다. 오늘날에도 그러한데 하물며 옛날에는 그 중요도가 더욱 컸을 것으로 보인다. 《증보산림경제》에는 "장醬은 장수 장將이니 모든 맛의 으뜸"이라고 하였다. 장은 여러 음식에 간을 하고 맛을 내는 것이므로 음식 중에 제일로 치고, 그래서 때를 잃지 않고 담가야 한다는 것이다. 또한, 인가의 장맛이 좋지 않으면 아무리 좋은 채소나 맛있는 고기가 있어도 좋은 요리가 될 수 없고, 반면 시골의 사람이 고기를 쉽게 얻지 못하여도 좋은 장이 있으면 반찬에 아무런 걱정이 없다고 하였다. 따라서 집안의 어른은 당연히 장을 잘 담가 오래 묵혀서 좋은 장을 얻도록 해야 한다고 가르치고 있다. 이처럼 중요하게 취급하던 장이므로 이것을 담그는 데에도 온갖 정성을 다하였다.

▲ 장 담그기 전 고사

길 일

먼저 장을 담그기에 좋은 날을 정하고 천지신명天地神明께 고사를 지낸다. 장 담그기에 좋은 길일은 병인丙寅, 정묘丁卯 일이고, 우수雨水 날, 입동入冬 날, 춘추분春秋分 날, 삼복일三伏日에 담그면 벌레가 생기지 않는다고 했다. 해 뜨기 전이나 해가 진 후에 장을 담그면 파리가 꾀지 않으며 그믐날 얼굴을 북으로 향하고 장을 담그면 벌레가 없다고도 했다. 큰 달에는 초하루, 초칠일, 십일일, 십칠일, 이십삼일이 좋고, 작은 달에는 초삼일, 십이일, 이십육일이 좋다고 했다. 또한 쓸 신辛자의 신일은 불길일不吉日로서 이날 장을 담그면 장맛이 사납다고 했다. 신일은 시다(酸)는 음과 통하기 때문에 이날 장을 담그면 장맛이 시어질 수 있다는 것이다.

이에 얽힌 일화가 순조 때 《조선무쌍신식요리제법^{朝鮮無雙新式料理製法, 1924}》에 소개되었다. 예전에 국난을 당해 임금님이 피난을 가게 되면 피난지에 먼저 가서 임금이 드실 장을 마련해 놓는 관직으로 합장사^{合醬使}가 있었다. 순조가 정유재란을 당해 함경도에 미리 신^申집을 합장사로 선임했는데 조정의 대신들이 모두 반대하고 나섰다. 그 이유가 바로 장을 담글 때 피하는 날인 신^辛일과 신^申집의 음이 같아서 장맛을 버릴 염려가 있다는 것이었다. 그래서 신^申씨나 신^辛씨 성을 가진 가문에서는 사돈네 집이나 딸네 집에 가서 장을 담가 가져오기도 했다. 장맛을 얼마나 중요하게 여겼는지 알 만한 일이다. 장은 모든 음식의 으뜸이었기 때문에 이처럼 가리는 것이 많았다.

금기사항

장을 담글 때도 얼마나 신중을 기했는지 장 담그는 주부는 사흘 전부터 외출을 삼가고 부정을 타지 않도록 몸가짐을 조심해야만 했다. 개를 꾸짖어도 안되고 성교도 하지 말아야 하며 장 담그는 당일에는 목욕재개를 하고 고사를 지냈다. 심한 경우는 장 담그는 여인의 입을 창호지로 봉하고 장을 담그기도 하였다. 여성의 음기가 발산되면 장맛을 버린다는 속설 때문이다. 장맛이 나빠지면 그 집안이 망할 징조로 여길 만큼 장맛을 중요시했기 때문에 아낙네들은 그 맛을 지키기 위해 온갖 노력을 다했던 것이다. 바깥사람이 장 담그는 곳에 얼씬하는 것도 금했는데 특히 송장 곁에 왕래했던 사람은 절대로 접근할 수가 없었다. 이것은 메주가 무슨 냄새든지 잘 빨아들이므로 부정한 기운이 메주에 들어가 장맛을 버리게 된다고 여겼기 때문이다. 장을 담근 후에도 삼칠일 동안은 상가에 가지 않았고, 해산한 여인, 월경이 있는 여인, 잡인이 장광 근처에 가지 못하도록 장독을 잘 관리했다.

장독 풍경

옛 사람들은 장맛이 변하는 것은 귀신이 먼저 와서 장을 먹기 때문이라고 믿었다. 그래서 장을 담근 후에는 부정을 타지 않고 귀신이 접근하지 못하도록 하기 위해서 주술적인 노력을 기울였다. 장 위에 숯이나 고추를 띄우고 장독에는 숯과 고추, 창호지를 새끼줄에 매달아 항아리 주둥이에 금줄을 쳤다. 여기에는 먼저 귀신이 숯 구멍으로 들어가면 갇혀 버린다거나 귀신은 붉은색과 매운 고추를 싫어하기 때문에 멀리 달아난다는 주술적인 의미가 있다. 그러나 이는 숯과 고추가 살균 및 흡착 효과가 있다는 것을 아는 선조들의 지혜이기도 했다.

또한, 버선본을 장독에 붙이거나 줄에 매달아 놓았는데, 이때 특이한 것은

코가 반드시 위로 가도록 했다. 장을 더럽히는 귀신이 버선 속으로 들어가 나오지 못하게 한다는 의미였던 것 같다. 또한 예전에는 남녀가 모두 버선을 신었기 때문에 궂은 곳, 즉 상가나 병자가 있는 집에 다녀온 사람은 장독간의 출입을 금한다는 뜻이기도 했다. 과거에는 노래기, 지네, 그리마 등의 벌레가 장독에 빠지는 경우가 많이 있었다. 버선본을 붙이는 것

은 이러한 벌레들이 장항아리로 접근하는 것을 막아 주는 역할을 했다고 한다. 이러한 다족류 벌레들은 되쐬는 빛을 싫어하기 때문에 버선본을 붙여 두면 이런 벌레들이 달아난다고 한다.

장독 관리를 잘 못하면 가시구더기가 생긴다. 된장이나 간장은 반드시 성긴 면보나 거즈로 덮어서 파리의 접근을 막아야 장맛을 지킬 수 있다. 그럼에도 이런 일이 종종 있었는지 어느 선비가 가시 생긴 장을 맛나게 먹은 일화가 있다. 선비가 진사시험에 합격하고 다시 대과에 응시하려고 삼각산 절간에서 공부할 때였다고 한다. 절밥 반찬이 싱겁고 모자라 '두벌장'으로 멀겋게 끓여 준 된장찌개에 티쉬의 방언, 가시가 빠진 것을 겸상하던 친구와 서로 건져 먹으려고 다투었다. 한데 훗날 이들이 등과하여 '사또고배상'을 받았는데 공부하던 시절에 먹던 된장찌개 속의 동물성 단백질의 맛만 못했다고 실토하였다 한다.

대지가 넓은 집에는 뒷마당에 장독대를 만들고 좁은 집에서는 보통 앞마당

◀ 장이 달도록 장항아리에 붙인 기원 문구(감밀)
▶ 잡귀가 없기를 바라며 장항아리에 붙이는 글귀(추귀)

에 장독대를 만들었다. 마당의 동쪽에 돌을 2~3층 가량 쌓아서 평지를 만들고, 맨 뒷줄에는 큰 독을, 그 다음 줄에는 중독, 작은 독을 키를 맞추어 가지런히 놓는다. 대체로 제일 뒷줄의 큰 독은 간장독이고 그 다음의 중독은 된장, 고추장, 막장 등이 들어 있으며, 앞줄의 작은 독에는 장아찌와 깨, 고춧가루 등을 담아 저장했다. 장독대는 그 집안의 주부의 얼굴이라고 여겼기 때문에 매일 세수를 시키듯이 장항아리를 정성껏 닦아야만 했다.

3. 장과 민간요법

간장, 된장

❍ 장은 해독작용을 한다.

《동의보감東醫寶鑑》에 "장은 모든 어육, 채소, 버섯의 독을 지우고 또 열상과 화독을 다스린다."고 하였고, 《일화본초日華本草》에는 "된장은 모든 해어海魚, 육류, 채소, 버섯독 등을 푸는데 효과가 있다. 아울러 뱀, 벌레, 벌 독 등을 다스린다."고 하였으며, "콩은 속을 화和하고 관맥關脈을 통하고 모든 약독을 제거한다."고 하였다. 《집간방集簡方》에는 "경분독輕粉毒, 수은독에 3년 묵은 된장을 물에 풀어 자주 마신다."고 하였다.

우리의 선조들에게 된장은 맛을 내는 조미료의 역할뿐만 아니라 질병을 치료하는 만병통치약이었던 것 같다. 실제로 간장과 된장은 해독, 해열 작용이 뛰어난 것으로 널리 알려져 지금도 민간요법으로 많이 쓰이고 있다.

ㅇ 식중독에 의한 설사에 간장, 된장, 청국장을 먹으면 속이 편해지고 설사를
  멈춘다.

설사병의 원인에는 여러 가지가 있지만 흔히 식중독이나 이질, 장티푸스 등이
원인인 경우가 많다. 민간에서는 설사병이 났을 때 된장이나 간장을 먹는다.
청국장은 상처를 곪게 하거나 식중독을 일으키는 포도상구균에 대응하는 힘
이 있어서 설사병이 났을 때 먹으면 좋은 효과를 볼 수 있다. 또한 정장효과가
있어서 속이 개운해지고 소화력을 향상시켜 설사병을 멈추는 데 도움이 된다.

ㅇ 가벼운 상처나 화상에 간장이나 된장을 바른다.

《명의별록名醫 別錄》에는 "된장은 번만煩滿을 그치게 하고 백약 및 열탕 화독火
毒을 없앤다."고 하였고, 《본초강목本草綱目》에는 "미친 개에 물린 데와 탕화상,
종기의 초기에 바르면 유효하다. 또 물에 풀어 먹으면 비상砒霜독이 풀린다."고
하였으며, 《일화본초日華本草》에는 "지통指痛에 맑은 된장에 꿀을 타서 뜨겁게
하여 담근다."고 하였다. 민간에서는 가벼운 상처나 화상 등은 간장이나 된장
을 발라서 화농을 방지하고 상처를 치료했다. 화상은 물집도 생기지 않고 빨
리 낫는다. 튀김을 하다가 기름에 데어 몹시 쓰릴 때에 간장을 바르면 통증이
가신다.

ㅇ 생인손을 앓을 때 간장을 끓여 식힌 것에 담그거나 까닭 없이 아픈 손가
  락, 피부가 터진 곳에 된장을 바른다.

생인손을 앓을 때에 간장을 끓여 약간 식힌 후 아픈 손가락을 몇 차례 반복
하여 담그면 거짓말처럼 아픔이 사라진다. 간장에 들어 있는 살균 효과 때문
이다. 때로는 고추장을 바르기도 한다. 손가락이 까닭 없이 아프거나 또는 다
쳐서 피부가 터진 데에는 된장 한 숟가락에 꿀 두 숟가락을 개어 하루에 두
번씩 발라 주면 좋다.

- 부스럼, 버짐, 어루러기, 두드러기 등 피부병에는 묵은 간장이나 된장을 바른다.
- 인후염, 눈병, 치통, 귓병 등 모든 염증에 간장물이나 된장국을 마시거나 바르면 좋다고 하였다.

간 장

- 자소꽃이나 잎을 간장에 뿌려 두었다가 먹으면 빈혈이 없어진다.
- 녹차와 간장을 타서 마시면 빈혈치료에 효과가 있다.
- 갈증이 심할 때는 냉수에 간장을 타서 마신다.
- 상처에서 피가 날 때는 간장을 바르면 지혈이 된다.
- 무좀에는 밀가루에 간장을 넣고 반죽하여 바른다.

된 장

- 메주는 식체를 지우고 된장은 대변불통을 다스린다.

《동의보감東醫寶鑑》에는 "메주가 식체를 지운다."고 하였고, 《본초강목本草綱目》에는 "된장은 대변불통을 다스린다."고 하였다. 요즘에는 음식을 먹고 체하면 쉽게 소화제를 구입해서 먹을 수 있지만 그렇지 못했던 시절에는 가장 손쉽게 구할 수 있는 된장이 요긴하게 쓰였다. 된장은 식욕을 돋우는 음식인 동시에 소화력이 뛰어난 식품으로 음식을 먹을 때 된장과 함께 먹으면 체할 염려가 없다. 체했을 때 바늘로 손가락을 딴 후 된장을 묽게 풀어 끓인 국을 한 사발 먹으면 체기가 간단히 풀어진다고 하였다. 변비에도 된장이나 간장을 먹었다. 된장을 이용한 음식을 장복하는 사람은 정장작용이 원활하기 때문에 장수한다고 여겼다.

∘ 묵은 메주는 신장병으로 인한 부종과 어혈을 풀어 준다.

《명의별록名醫別錄》에는 "콩은 수창水脹을 내리고, 위열을 없애며 마비증을 다스리고 어혈瘀血을 풀어 준다."고 하였다. 수창은 신장병으로 인해 생긴 부종浮症이고, 어혈은 혈액순환이 순조롭지 못해 피가 한 곳에 맺혀 있는 증세 또는 그 피를 말한다. 민간에서는 이러한 부종과 어혈에 묵은 메주를 먹었다.

∘ 임신 하혈에는 된장가루를, 임신 요혈에는 된장가루에 생지황가루를 넣어 미음으로 먹는다.

《고금험방古今驗錄》에는 "임신 하혈에 된장 1되를 말려 볶아 갈아서 하루 한 숟가락씩 삼복한다."고 하였다. 따라서 임신 하혈이 있을 때 된장이나 콩을 볶아서 가루를 만들어 이를 하루에 세 차례씩 식전에 먹거나, 먹기 어려우면 따끈한 물에 풀어 마시거나 술을 따뜻하게 데워서 타서 먹는다. 《보제방普濟方》에는 "임신 뇨혈尿血에 된장 1공기를 볶아 말린 것과 생지황生地黃 2냥75g을 가루로 만들어 함께 섞어 1돈3.75g씩 미음으로 먹는다."고 하였다. 된장을 은근한 불에 볶아 말려 가루로 하고 말린 생지황가루를 섞어서 미음 쑤듯이 더운 물에 풀어서 먹는다.

∘ 산모가 젖이 부족할 때는 된장국에 찹쌀을 넣고 죽을 끓여 먹는다.

∘ 감기 기운이 있을 때는 우엉을 갈거나 파를 송송 썰어 넣어 넣은 된장국을 끓여 먹거나 마늘 구운 것을 된장과 섞어 완자를 만들어 구워 두고 자기 전에 뜨거운 물에 타서 마신다.

∘ 칼에 베인 상처나 찰과상에는 된장을 바르거나 상처를 진한 된장국에 담근다.

∘ 벌레나 벌에 쏘이면 된장을 개어 바른다.

장의 산업화

지금은 간장, 된장, 고추장을 사 먹는 일이 당연시되고 있으며, 김치도 주문하거나 사서 먹어도 부끄럽게 생각하거나 이상하게 여기는 일이 거의 없어진 것이 우리의 현실이다.

우리나라에서 장의 산업화가 시작된 것은 일제강점기와 더불어 시작되었다고 보고 있다. 조선시대 말까지는 현재의 장류 공장과 같이 장류를 대량생산하여 판매하는 형태가 있었다는 기록이 없다. 우리나라의 장류 공장의 흔적은 1876년 강화도 조약, 1884년 갑신정변 이후부터 일본인들이 거주하였던 부산, 인천, 경성 지역에서 찾아볼 수 있다. 일본인이 1886년 부산 신창동에 소규모 장류 공장을 설립하여 간장 및 된장을 생산한 것이 효시이며 그 후 1910년에 이르기까지 서울, 인천, 부산 지역에 총 34개의 장류 공장이 설립되어 주로 일본인 자체 수요를 충당하거나 일부는 일본, 만주 등으로 수출된 것으로 알려지고 있다. 해방된 후에는 일본인들이 운영하던 공장을 우리나라 사람들이 인수하여 생산량의 대부분이 음식점이나 군납용으로 소비되었다. 그 이후 6·25 전쟁으로 우리 민족의 대이동이 있고 나서 생활환경이 불안정하여 장을 담가 먹을 형편이 안 되어 자연히 장을 사서 먹는 수요가 늘어나게 되었다.

그러다가 도시화, 주거환경의 변화로 장독대가 사라지고 소득 수준이 향상되고 기호가 서구화되면서 장의 사용량이 줄어들고, 자연히 가정에서 장을 담글 기회가 줄어들었다.

장의 산업화가 가속화되어 식품회사들은 앞다투어 대규모로 위생적인 최신의 설비와 품질 좋은 원료의 다량 확보에 힘쓰며 품질이 우수한 제품들을 내놓았다. 또한 대대적인 광고로 이를 소비자에게 홍보하면서 해마다 장류 제품의 소비량은 급속히 상승하고 있다. 전국 농협에서도 지방마다 메주나 재래식 방법으로 만든 품질이 좋은 간장, 고추장, 된장 등을 특산품으로 내걸고 적극적으로 판매하고 있어 이를 이용하는 소비자도 점차 늘어나고 있다.

◀ 시판 간장들

일반적으로 파는 양조간장은 대부분 원료로 콩에다 보리나 밀가루에 누룩곰팡이를 순수 배양하여 만든 종국種麴을 섞어서 콩고지를 만들어 소금물에 담그기 때문에 순수한 우리의 간장과 맛이 다르다. 양조간장이 아닌 화학간장이라 불리는 아미노산 간장도 유통되고 있는데, 값싼 탈지콩가루, 밀 글루

텐, 생선가루 등을 원료로 하여 간단한 산분해 장치로 단시일에 만들기 때문에 값은 저렴하며 맛이나 향이 양조간장에 비하여 훨씬 떨어진다. 시중에는 양조간장과 화학간장 두 가지가 있으므로 구입 시에는 상표나 표기사항을 잘 살펴보고 용도에 알맞은 것을 구입하여야 한다.

현재 식품공장에서 생산되는 장류는 거의가 일본에서 발달한 장류의 제조 기술과 시설을 따르고 있기 때문에 국내에서 생산된 것들도 왜간장이나 왜된 장이라고 불린다. 일본의 된장인 미소^{味噌}는 8~9세기에 우리나라에서 건너간 것이지만 현재는 일본의 장류 식품산업이 우리보다 훨씬 발달되어 있어 제조 기술을 우리가 거꾸로 배워 오고 있는 실정이다. 장류에 이용되는 미생물은 원료의 발효에 가장 알맞은 미생물만을 종국으로 쓰고 있으며 시판되는 된장 의 종류는 간을 약하게 한 단 된장^{甘口}과 간을 세게 하여 오래 숙성시킨 짠 된 장^{辛口}으로 크게 나누고, 지역에 따라 별미의 특수한 된장의 종류가 다양하게 생산되고 있다.

옛날부터 음식의 용도에 맞게 담그던 재래의 장이 점차 줄어들어 우리 음식 의 고유한 맛도 잃어버리게 되었다. 대부분 가정이나 외식업소에서 다량으로 식품공장에서 생산되는 똑같은 장을 사서 쓰게 되면서 우리 음식의 맛도 획 일화되었다고 볼 수 있다.

옛 음식책에 나타난 장

각 지방의 장

장의 종류

2장

옛 음식책에
나타난 장

옛날 음식책에는 장 담그기와 술 담그기가 거의 필수적으로 나타나니 장의 중요성을 일찍이 강조해 왔음을 잘 알 수 있다. 《규합총서閨閤叢書》에는 "장은 팔진八珍의 주인"이라 하였고, 《조선무쌍신식요리제법朝鮮無雙新式料理製法》에는 "장은 여러 음식에 넣어 간을 치고 맛을 내는 것인 고로 음식 중에 제일이요, 때를 놓치지 않고 담가야 하는 고로 소중히 자별하고 큰일이다."라고 하였다.

  옛 문헌의 장 만들기 항목에는 메주 쑤기부터 택일, 장독 고르기, 장독 관리, 장맛 고치기 등 장에 관련된 설명이 매우 상세하게 나와 있다. 《산가요록山家要錄, 1450년경》, 《수운잡방需雲雜方, 1540년경》, 《규합총서閨閤叢書, 1815》, 《임원십육지林園十六志, 1835》, 《증보산림경제增補山林經濟, 1766》, 《시의전서是議全書, 1800년대말》, 《주찬酒饌, 1800년대》, 《조선요리제법朝鮮料理製法, 1917》, 《조선무쌍신식요리제법朝鮮無雙新式料理製法, 1924》, 《조선요리법朝鮮料理法, 1939》 등에 나타난 장 관련 내용을 정리해 본다.

1. 메주

쑤 기

증보산림경제 높고 마른 땅에 말 밥통과 같이 긴 구덩이를 파 놓는다. 콩을 무르도록 삶아 절구에 넣고 잘 찧어서 손으로 보통 수박 크기의 덩어리를 만든다. 이를 큰 칼로 쪼개어 두께를 한 치 정도의 반월형으로 한다음, 이것을 구덩이에 매단다. 구덩이를 가마니나 풀 따위로 덮어 주고 다시 비, 바람을 막도록 해 놓으면 메줏덩이가 스스로 열을 내고 옷을 입게 된다. 이를 기다려 뚜껑을 열어서 1차로 이것을 뒤집어 주고 8~9차 이와 같이 하면 수십 일에 이르러 거의 마르는데, 꺼내어 바싹 말린 후 장을 법대로 담그면 맛이 좋다.

조선무쌍신식요리제법 처음에 콩을 삶을 때에 물을 넉넉히 부어 솥바닥에 눌어붙지 않게 하고 콩을 작은 그릇에 불리면 그릇이 터지고 조리로 일어 가마나 솥에 붓고 끓어 넘거든 뚜껑을 열지 말고 그냥 물만 넘기고 삶는다. 뚜껑을 자주 열면 콩이 넘어 나올 뿐 아니라 덜 무른다. 뜸 들여 잘 무르게 한 후에 퍼내어 물이 빠지면 깍지가 없도록 잘 찧어서 메주를 보시기만 하게 조금 납작하게 만들어 하나씩 펴 놓고 하루 동안 안팎을 말린다. 겉이 꾸둑꾸둑하거든 멱서리나 섬, 멱둥구미에 띄우되 솔잎을 깔고 한 켜씩 메주를 늘어놓아 한 열

◀ 가마솥에 메주콩 삶기

흘 지나 열어 보아 메주에 냄새가 나고 흰 옷을 다 입었거든 얼리지 말고 볕을 보이고 흰 옷을 덜 입었거든 다시 동여 수일 만에 꼭 열어 보아 김이 나고 흰 옷을 죄다 입어야 좋다. 옷을 너무 입어 검은 진이 나면 썩은 것이니 매우 살펴 띄운다. 여러 날 정성스럽게 안팎을 말린 후 방에 달거나 치롱에다 널든지 자주 뒤척여 주면 저절로 속이 뜬다. 쥐가 먹기 쉬우니 잘 간수한다.

메주 고르기

규합총서　메주가 단단하지 않고 무른 것은 늦게 쑨 것이니 좋지 않다. 빛이 푸르고 잘고 단단한 것이 좋은 것이니 십여 일 볕에 쬐고 말리어 돌같이 단단해지거든 솔이나 비로 깨끗이 빗겨 물에 두 번만 씻어 독에 넣는다. 메주가 많으면 청장淸醬이 적게 나고, 메주가 적으면 빛이 묽고 맛이 좋지 못하니 다소를 짐작하여 메주를 넣은 뒤 팔 한 마디가 채 못 들어가게 넣는다.

조선무쌍신식요리제법　시골에서 만드는 메주는 크게 덩이를 지어 한 말에 한 덩이까지 만드는데, 인경人磬같이 만들어 짚으로 열십자를 띄워 매달고 겨울을 지낸다. 그 메주가 속이 곯고 온갖 냄새를 방 속에서 모두 빨아들이고 띄워 낼 때 가시가 방에 떨어지다가 나중에 가시가 좀씨가 되어 사람에 기어오르면 가렵고 괴롭다. 그 메주는 고추장을 담기는커녕 장을 담가도 그 장맛이 없어지기를 바랄 뿐이다. 요사이 저자에서 파는 메주는 적은 벽장같이 네모지고 납작하게 생겼는데, 콩이 그대로 많이 있고 검은 진이 솟아나온 것은 메주 띄운 것이 아니라 썩은 것이니 때를 잊고 부득이하게 사서 담그더라도 장맛이 좋기를 바랄 수 없다.

2. 장독

고르기

증보산림경제 　장독은 대체로 7월에 파낸 배토^{질그릇의 원료가 되는 흙}로 만든 것이 상품^{上品}이다. 8월 이후의 배토는 질그릇이 두꺼워야 하므로 좋지 않고, 사기 항아리는 장독으로 좋지 않다. 장독에 구멍이 있는지 검사하려면 우선 장독을 땅에 엎고 볏짚에 불을 지펴 연기가 나기 시작하면 엎어 놓은 장독 속에 넣는다. 그리고는 항아리를 한 바퀴 돌리면서 자세히 살펴본다. 모래구멍이 있으면 즉시 연기가 새어 나온다. 될 수 있으면 바람이 없는 곳에서 시험해 보는 것이 좋다. 구멍을 막는 방법은 땅을 파서 조그만 둥근 구들을 만들고 양쪽을 터 바람이 통하게 한다. 이 속에 불을 피워 숯불이 활활 타게 하면서 한쪽에 항아리 입을 맞댄다. 화력이 지나치면 터지기 쉽고 약하면 항아리를 덥힐 수 없으니 잘 조절해야 한다. 여러 번 손으로 만져 보아 뜨거워 손이 델 정도이면 항아리를 뒤집어 세워 끓는 기름을 들이붓고 항아리를 굴리는데, 기름이 구멍에 더 들어가지 못할 때까지 계속한다. 이 때 쓰는 기름은 쇠기름과 양기름을 으뜸으로 치지만 돼지기름을 써도 되고 밀초를 써도 좋다. 기름이 충분히 배어 구멍이 메워지면 끓는 물을 여러 번 항아리에 부어 씻어 버린다. 그리고 냉수를 가득히 채워 수일 간 우린다. 항아리를 쓸 때 다시 깨끗이 씻어서 볕에 잘 쬐어 말린다. 다년간 간장 항아리로 쓰던 것은 이와 같이 할 필요가 없다.

장독대 관리법

규합총서 장독이 더러우면 장맛이 사나우니 하루 두 번씩 독을 냉수로 정히 씻기되 독전에 물기가 들면 벌레가 나기 쉬우니 조심한다. 장 담근 독은 볕이 바르나 그윽한 데에 놓되 여름에는 땅이 괸 빗물에 무너질 염려가 있으니 터를 가려 놓는다. 독이 기울면 물이 빈 편으로 흰곰팡이^{白衣}가 끼니 반듯하게 놓는다.

조선무쌍신식요리제법 장독 근처에 과실나무가 있으면 아이들이 돌을 던져 독이 상하기 쉽고 또 담을 가까이하였다가 담이 무너지면 독과 질그릇이 깨어져 장을 잃는다. 또 장독 근처에 무슨 나무든지 있으면 그늘이 져서 못 쓰고 또 온갖 벌레가 떨어지므로 가지를 쳐 버리고, 또 잡풀이 있으면 뱀과 벌레가 숨어 있어 못 쓰니 풀을 다 없애고 장독대는 반드시 남향으로 하여 볕을 항상 쬐는 것이 좋다.

3. 장 담그기

장 담그는 날

규합총서 장은 병인^{丙寅}, 정묘^{丁卯}, 제길신일^{諸吉神日}, 정월 우수^{雨水} 일, 입동^{立冬} 날, 황도^{黃道} 일, 삼복^{三伏} 일에 담그면 벌레가 꾀지 않고, 그믐날 얼굴을 북으로 두고 장을 담그면 벌레가 없고 장독을 태세^{太歲} 방향으로 앞을 두면 가시가 안 생긴다. 수혼 날에 담그면 가시가 꾀고, 육신^{六辛} 일에 담그면 맛이 사납다.

조선무쌍신식요리제법 병인, 정묘, 무자, 을미, 병신 일이 좋고, 신^辛일은 아

장독대 관리법

규합총서 장독이 더러우면 장맛이 사나우니 하루 두 번씩 독을 냉수로 정히 씻기되 독전에 물기가 들면 벌레가 나기 쉬우니 조심한다. 장 담근 독은 볕이 바르나 그윽한 데에 놓되 여름에는 땅이 괸 빗물에 무너질 염려가 있으니 터를 가려 놓는다. 독이 기울면 물이 빈 편으로 흰곰팡이[白衣]가 끼니 반듯하게 놓는다.

조선무쌍신식요리제법 장독 근처에 과실나무가 있으면 아이들이 돌을 던져 독이 상하기 쉽고 또 담을 가까이하였다가 담이 무너지면 독과 질그릇이 깨어져 장을 잃는다. 또 장독 근처에 무슨 나무든지 있으면 그늘이 져서 못 쓰고 또 온갖 벌레가 떨어지므로 가지를 쳐 버리고, 또 잡풀이 있으면 뱀과 벌레가 숨어 있어 못 쓰니 풀을 다 없애고 장독대는 반드시 남향으로 하여 볕을 항상 쬐는 것이 좋다.

3. 장 담그기

장 담그는 날

규합총서 장은 병인[丙寅], 정묘[丁卯], 제길신일[諸吉神日], 정월 우수[雨水] 일, 입동[立冬] 날, 황도[黃道] 일, 삼복[三伏] 일에 담그면 벌레가 꾀지 않고, 그믐날 얼굴을 북으로 두고 장을 담그면 벌레가 없고 장독을 태세[太歲] 방향으로 앞을 두면 가시가 안 생긴다. 수혼 날에 담그면 가시가 꾀고, 육신[六辛] 일에 담그면 맛이 사납다.

조선무쌍신식요리제법 병인, 정묘, 무자, 을미, 병신 일이 좋고, 신[辛]일은 아

주 나쁘다. 또 입동入冬 날과 정월 우수雨水 날이 좋고 수水 일에 담그면 가시가 생긴다. 제신길일과 삼복 안의 황도 일에 콩을 불려서 씻되 삼복 날 장을 담그면 가시가 아니 나고 해 뜨기 전이나 해 진 뒤에 장을 담그면 파리가 아니 오고 그믐날 담 싼 아래서 북향 하고 함무 꽂고 말하지 말고 장을 담가도 가시가 생기지 않는다. 수혼水痕을 피하는 날은 큰 달에는 초 1, 7, 11, 17, 21, 23, 30일이고, 작은 달에는 초 3, 7, 12, 21, 26일이 좋다고 했다.

장 담그는 물

증보산림경제　물은 감천甘泉이나 강심江心의 물을 큰 솥에 받아 백비白沸 하고 여기에 소금을 녹여서 식으면 밭쳐 침장에 쓴다.

규합총서　장 담그는 물을 각별히 가려야 장맛이 좋다. 여름에 비가 갓 갠 우물물은 쓰지 말고, 좋은 물을 길어 큰 시루를 독에 앉히고 베보를 깔고 간수 죄 빠진 소금 한 말을 시루에 붓고 물은 큰 동이를 가득히 되게 붓는다. 그러면 티

◀ 정화수

와 검불이 다 시루 속에 걸리니 차차 소금과 물을 그대로 두었다가 메주의 다소多少와 독의 크기를 짐작하여 소금을 푼다. 큰 막대로 여러 번 저어 며칠 덮어 두면 소금물이 맑게 가라앉아 냉수 같아진다.

조선무쌍신식요리제법　섣달 안에 극히 추운 날을 가리어 물을 끓여 한데 놓아 얼려 두었다가 여름에 장을 담그면 가시가 안 난다. 소금물은 몇 달 전에 소금을 많이 풀어서 여러 날 휘저어 소금이 풀리고 억센 간이 삭은 후에 고운체에 밭쳐 쓴다. 혹 집안에 화재가 있더라도 소금물 1됫박을 더 당하야 불 끄기에 대단히 속하는 고로 성세 있는 사람은 다 이렇게 1년을 두었다가 장 담글 때 쓰고 즉시 또 소금물을 짜게 많이 풀어 둔다. 장 담글 때 짜고 싱거운 것을 알려면 짜게 풀었던 소금물은 응당 짤 터이니 맹물을 타 가며 흰밥덩어리를 상수리만큼 넣어 한 뼘쯤 내려가 떠 있으면 간이 맞은 것이고, 한 뼘이 못 되게 떠오르면 너무 짜고, 한뼘이 더 내려가면 싱거운 것이니 이걸 보아 짐작한다. 좋은 물에 소금을 타야 장맛이 좋다.

장에 넣는 재료

조선무쌍신식요리제법　더덕과 도라지의 껍질을 벗기고 바싹 말려서 가루를 만들되 체에 쳐서 전대나 주머니에 넣고 물에 담가 쓴맛을 빼서 꼭 짠 후 물기를 없이하여 주머니째 장 속에 넣으면 맛이 두부장보다 낫다. 위 두 가지를 생으로 두드려 물에 담가 쓴 맛이 빠진 후에 꼭 짜서 대강 마르거든 넣어도 좋다. 또 생게의 딱지를 떼고 누른 것은 따로 내어 놓고 그 나머지 전체를 절구에 넣고 짓이겨 체에 거른 집†과 먼저 꺼냈던 누른 것과 합하여 쪄서 주머니에 넣어 장에 두면 맛이 절품이다.

고기 한 덩이를 독 밑에 넣어 두면 장맛도 좋고 고기 맛도 좋다. 또 두부를 주머니에 넣고 단단히 눌러 물기를 뺀 후에 그대로 장에 넣으면 좋고 또 무와 더덕, 도라지 등을 잠깐 데쳐서 말렸다가 넣어도 좋고 생굴을 물기 없이 하여 넣어도 좋으며 닭이나 오리, 거위의 알을 까서 놋그릇에 담고 중탕하여 조금

익거든 주머니에 담아 넣어도 좋다. 또는 생선이나 고기를 장에 넣으면 장맛을 돕고 여러 가지가 좋으나 만일 장이 익기 전에 어육이 상하면 장맛이 변하기 쉽고 여름에 담그는 장에 어육 등을 넣으면 어육이 상하기 쉬우니 조심하여 담근다.

첫 번째 붉은 고추를 따서 한쪽을 쪼개고 씨를 다 뺀 후에 기름 없는 고기를 난도하여 표고버섯과 함께 익혀 쪼갠 고추 속에 넣고 다시 합하여 실로 동여 장 속에 넣었다가 먹는다.

소금물 풀기

규합총서 메주 넣기 전에 독 밑에 숯불을 두어 덩이를 괄게 피워 넣고 꿀한 탕기를 그 위에 부어 꿀 냄새가 막 날 적에 메주를 넣는다. 메주를 넣은 뒤 소금물을 체에 밭쳐 독에 자란자란하게 붓는다. 소금물이 싱거우면 메주가 떴다가 도로 가라앉는다. 만일 그렇거든 소금물을 떠내서 요량하여 소금을 더 타면 바로 도로 뜬다. 벌레가 생기거든 바곳草烏이나 백부근百部根 네 조각만 위에 얹으면 다 죽고, 청명淸明 날 꺾은 버들가지를 꽂는다. 그러나 이 나무가 맛이 쓰니 깊이 넣기는 염려스럽다. 냄새가 나는 장은 반드시 밤에도 뚜껑을 벗겨 놓아 서리와 눈을 맞혀야 좋다.

조선무쌍신식요리제법 메주를 물에 정히 씻어 먼저 독에 넣고 소금물을 붓되 메주 1말에 소금 6~7되와 물 1동이 법이니 가을과 겨울에는 소금이 많아야 좋다. 소금물을 메주보다 조금 높이 붓고 볕을 보이다가 물이 줄거든 소금물을 더 붓는다. 독을 정히 우리고 씻은 후에 메주를 한 수십 개 넣고 날 양지머리나 우둔을 물기 없이 행주를 쳐서 넣되 양지머리는 한 허리를 뼈째 에

고 우둔도 반으로 에어 넣고 그 위에다 메주를 얼마든지 넣고 소금물을 부어 뚜껑을 모시나 베 등 얇은 것으로 독 아가리를 덮어 동이되 자주 열어 보아 곰팡이가 안 나도록 보고 파리나 각종 벌레가 못 오도록 하며 낮이면 뚜껑을 열고 제일 남향판에 놓고 음지는 장맛이 그르니 아무쪼록 볕을 잘 쬔다. 저녁에 뚜껑을 닫는 것을 잊어버렸다가 비가 오면 물이 들어가서 가시가 나니 두어 달 정성을 들인다. 숯이나 대추를 넣는 것은 소용이 없다. 버선본을 남부끄럽게 왜 붙이는지 모르겠다.

바싹 마른 메주를 독에 가득 차게 넣었다가 소금물을 부으면 차차 불어서 독이 터지기 쉬우니 먼저 독바닥에 댓가지로 너스레를 놓고 메주를 독에 고르게 넣은 후에 독 위에도 너스레를 놓으면 터질 염려가 없다. 다시 소금물을 적은 독에 부어 장 담근 독 옆에 놓았다가 장이 주는 대로 차차 붓는다. 장을 담근 후에 시라(蒔蘿, 한약재)를 그 위에 뿌리고 발갯깃(꿩의 날개)에 참기름을 묻혀 독전에 바르면 파리가 안 온다. 뚜껑을 열고 항상 볕을 보이되 만일 비가 올 듯하거든 급히 뚜껑을 닫는다.

금 기

규합총서 장 담근 지 삼칠일 안에는 초상 난 집에 통하지 말고, 아기 낳은 곳과 몸(월경) 있는 여인과 낯선 잡인을 가까이 들이지 말고 자주 살펴 넘기지 않는다.

조선무쌍신식요리제법 장 담글 때 바깥 사람을 꺼리되 더욱이 송장 곁에 왕래하는 사람을 보이지 말지니 그런고로 장독간을 집 뒤에 편벽된 곳에 만들고 목책을 하여 잠그고 사람을 엄금한다.

장 뜨기

규합총서　장독 곁에 작은 독을 마련하여 메주 50장을 넣어 저김물을 하였다가 막 익어 넘을 때, 아침저녁으로 바꿔 쳐서 100일 만에 뜨면 독에서 익어 지렁^{간장}빛이 검고 좋되 다만 분량이 적게 난다. 그러기에 한 60일쯤에 뜨면 냉수 15동이들이 독에서 청장^{淸醬} 7동이가 난다. 장 뜰 때 용수^{싸리나 대오리로 만든 둥글고 긴 통}를 박으면 간출하지 못하니, 가운데로 구멍을 뚫고 먼저 떠 흐린 것을 갓으로 부어 가며 뜬다.

▲ 불은 메주 건지기

조선무쌍신식요리제법　장을 뜨는 법은 중두리를 장독가에 두었다가 장이 다 익기를 기다려 손으로 뜬다. 손으로 장독 한가운데를 헤쳐서 우물 같이 파고 국자로 날마다 퍼내어 중두리에 받쳐 넣는다. 장이 진하거든 따로 백비탕에 소금을 타서 장독에 부어 두면 얼마 되지 않아 다시 장이 뜨고 맛도 좋다. 또, 장에 넣는 주머니 물건은 큰 독 장에 넣으면 장맛이 변하기 쉬우므로 작은 그릇에 넣는 것이 좋다.

　장을 뜰 때 용수 박고 장을 떠내어 가마에 붓고 매우 끓이되 검은콩이나

▼ 용수 박기

대추나 찹쌀, 다시마를 넣어 달이면 좋다. 너무 끓어 넘게 되거든 차가운 장을 옆에 놓았다가 조금씩 치면 넘지 않는다. 끓인 후에 좀 식거든 퍼내어 독이나 중두리에 담고 다 식은 후에 맛을 본다. 장 달일 때 넣은 것은 체에 밭쳐 건지는 먹든지 버리든지 한다.

변한 장맛 고치기

규합총서   장맛이 그르거든 우박 2되를 받아 넣으면 제 맛이 되살아난다고 본초本草에 적혀 있다.

조선무쌍신식요리제법   장맛이 변하였거든 우박 1~2되를 넣거나 뚜껑을 열어 볕을 쬐고, 밤마다 서리 맞히기를 여러 날 하면 맛이 좋아진다. 토장 맛이 변하였거든 생소나무 껍질을 벗겨서 항아리에 넣고 7~8일이 지나면 장맛이 좋아진다. 장이 쓰거든 큰 그릇에 베보자기를 깔고 장을 2치 정도 오도록 부은 후 그 위에 밀가루를 체에 대고 쳐서 도로 부어 둔다. 널빤지에 장을 펴고 해도 좋다. 또 다시마 한 오리에 엿 한 조각을 싸서 두면 연하여 질 것이니 엿은 버리고 다시마만 익은 꿀 반 잔과 강즙生薑汁을 조금 치고 짓두드려 진흙같이 되거든 익은 물 서너 사발을 타고 휘저어 찌꺼기는 버리고 장에 타면 맛이 좋아진다.

  물로 장독 밖을 자주 씻으면 맛이 달라진다. 또 장독에 맹물을 가득 붓고 사흘 만에 웃물을 따라 버리고 또 물을 부어 이같이 하기를 세 번만 하면 쓴맛이 다 없어진다. 그런 후에 끓는 물에 소금을 타서 식거든 들이부어 익히면 이 장이 다른 장보다 맛이 없을 듯하나 써서 아주 버리는 것보다 낫다.

4. 간장

산가요록

장 담는 법合醬法

물 3말에 소금 1말을 기준으로 하여 먼저 항아리에 다 차지 않게 메주를 채우고, 물과 소금을 따로 하지 말고 소금물을 타서 항아리에 가득 붓는다. 남은 소금물은 동이에 담아 두고 매일 보태어 붓는데, 메주가 들떠 오르면 손으로 평평하게 누르고 소금을 넉넉히 덮는다. 밤에는 덮개를 하고 낮에는 덮개를 하지 않는다. 간수가 넘치면 떠내어 그릇에 담았다가 저녁에 다시 붓고, 간수가 적으면 정화수를 부어 준다. 대개 간수를 만들려면 물 2동이에 소금 1동이를 쓰는데, 베보에 소금을 놓고 물을 부어 가라앉혀서 쓴다. 메주가 1섬이면 항아리 바닥에 참기름 한 종지를 놓고 활활 타는 숯불 3~4개를 넣는다. 물의 분량은 항아리에 나무 막대를 바로 꽂아 쉽게 들어가고 바로 떠오르는 정도이다.

간장艮醬

장 담글 때 삶은 콩 1말, 소금 5되, 새로 떠 온 깨끗한 물 1동이를 항아리에 채운다. 그 위에 나무로 걸치개를 만들어 띠풀로 덮은 후 앞에 나온 장 담그는 방법대로 한다. 쓸 때가 되면 즙을 한 번 끓이면서 거품을 걷어 내고 그릇에 담아서 단단하게 봉한다. 만일 두부豆泡 같은 것을 굽는다면 그것에 새로 건진 건지泡滓 한두 숟가락과 파, 생강, 형개를 조금 넣어 잠깐 끓이면 맛이 좋다.

　콩은 말려서 반찬佐飯을 만들며, 또는 그 콩을 광주리에 담아 물기를 뺀 뒤에 쪄서 즙을 얻으면 청시淸豉로 먹을 수 있고, 즙을 빼고 난 그 콩으로는 나중에 반찬을 만들어 먹어도 된다.

기화청장 其火清醬, 밀기울 청장

7월 보름 때 콩 1말을 깨끗이 씻어 3일 동안 물에 담갔다가 밀기울 2말을 합하여 절구에 찧어 쪄 낸 뒤 잠깐 식혀 아기 주먹만 하게 빚는다. 평상 위에 먼저 빈 섬을 깔고 쑥 잎, 닥나무 잎을 반 치약1.5cm 가량 덮고 그 위에 덩어리를 나란히 늘어 놓은 다음 다시 먼저의 잎들을 덮는다. 10~14일 정도 지나 황색이 분명히 보이면 꺼내서 햇볕에 말려 가루를 만들어 그 가루 1말에 소금 4되, 물 5사발과 버무려 항아리에 넣는다. 항아리를 유지로 단단히 봉하고 옹기로 덮어 진흙을 두껍게 발라 새 마분 속에 깊이 묻어 둔다. 14일이 지나면 꺼내어 생겨난 즙을 쓰는데 그 맛이 매우 좋다. 가루 한 말에 소금 5되를 쓸 수도 있다.

청장 清醬

감장메주 2말을 볕에 말린 쑥 한 켜, 장감장 한 켜씩 번갈아 놓고 쪄 낸 뒤 물 1동이를 부으면 좋은 청장이 된다. 쪄 낸 감장을 다시 말리고 3번 더 말려 소금을 더 넣어 쓰는데, 3번까지 말려서 쓴 것은 맛이 떨어진다.

또 다른 방법은 콩 5말을 푹 삶아 찧을 때 약간의 밀기울을 섞어 찧고, 이 것을 닥나무 잎으로 덮고 띄운 후 꺼내서 볕에 말려 다시 찧어 대나무로 만든 체竹篩에 내린다. 물 5동이와 소금 3말을 먼저 섞어 두고 항아리에 용수容篩를 박고 소금물, 체에 내린 가루를 붓고 뚜껑을 덮어 진흙으로 바른 후 마분에 묻어 둔다. 21일이 지나면 꺼내 쓰는데 청장으로 쓰려면 물을 뺀 건지를 찧어서 물 3동이 반에 소금 1말 5되를 처음에 하던 대로 잘 섞어서 묻어 띄웠다가 사용한다.

선용장 旋用醬, 급히 사용하는 장

땅을 움푹 파서 땔감을 쌓아 놓고 불을 지펴 그 흙이 아주 뜨거워지면 곧바로 장항아리를 놓아 단단히 봉하고 빈 가마니로 덮은 뒤 그 위를 흙으로 덮는다. 6~7일이면 맛이 마치 숙성한 장과 같다.

증보산림경제

장 담그는 법沈醬法

물로 우선 메주를 깨끗이 씻어 우선 항아리 속에 넣은 다음 소금물을 붓는데, 메주 1말 당 소금 6~7되와 물 1동이의 비율로 한다. 가을과 겨울에는 소금을 적게 넣어도 무방하지만, 봄과 여름에는 소금을 많이 넣어야 좋다. 소금물은 메주보다 약간 높게 부어 볕을 쪼이고, 그 물이 줄어드는 정도를 보아가며 다시 소금물을 붓는다. 바싹 말린 메주를 항아리 주둥이까지 차도록 담그면 물에 불어서 독이 터질 염려가 있으므로 미리 항아리의 위아래에 대나무로 태를 가하여 장을 담글 때에 항아리 주둥이까지 가득 차게 해서는 안된다.

급히 청장 담그는 법急淸醬

소금 7홉을 볶아 바싹 말리고, 밀가루 8홉을 소금과 섞어 색이 누렇게 될 때까지 볶은 다음, 별도로 묵은 된장䷀䷀ 3홉을 앞의 두 종류의 재료와 섞고, 물 6사발을 부어 4사발이 되도록 조리면 맛이 매우 좋다.

급히 장 담그는 법急造醬法

보통 장은 담그는 데 50일 이상 걸리니 급할 때의 처방으로 장항아리를 따뜻하게 하게 보온하여 숙성을 촉진시키거나, 삶은 콩에 밀을 섞어 속성으로 띄우거나, 누룩을 섞어서 만든다.

임원십육지

순일장旬日醬

메주를 따뜻한 물에 며칠간 담가 두어 다 스며들기를 기다리고, 항아리가 들어갈 4~5자리를 땅을 파서 두는데, 항아리 주둥이를 지면과 평평하게 하고, 항아리의 사면에 왕겨, 쭉정이, 보리 까끄라기 따위를 채우며, 정해진 방법에 따라 항아리에 장을 담근다. 그런 다음 왕겨에 불을 놓아 불이 골고루 퍼진 뒤에 이따금씩 물을 뿌리면 불이 쉽게 꺼지지 않으면서 왕겨 속으로 계속 타 들어가기를 그치지 않는다. 10일쯤 되면 장이 완성된다.

다른 방법은 콩 1말을 푹 삶고, 밀 5되를 모래와 돌을 제거한 뒤에 볶아 잘게 빻은 다음, 함께 섞어서 온돌에 펴서 색깔이 누렇게 될 때까지 말리고, 볕에 다시 바싹 말린다. 소금 6되를 끓는 물에 넣어 함께 섞고 담가서 양지 바른 곳에 놓아두고, 자주 저어 주면 7일 만에 장이 완성된다.

또 다른 방법은 콩 1말을 푹 삶고, 누룩 3되와 소금 4홉을 찧어 항아리에 담고 빈틈없이 봉한 뒤 볕을 쪼이면 맛이 좋다.

주 찬

간장艮醬

콩을 무르게 삶아 마구 찧어서 1되씩 덩이로 하여 메주를 만든다. 짚으로 오래 두어 껍질에 흰곰팡이가 나면 안팎을 말려서 솔로 깨끗이 쓸고 독의 8부 정도로 장을 담가서 3개월 정도 둔다. 메주 1말당 소금 1말을 물 1동이에 녹여 체에 걸러서 담은 후 마른 소금을 그 위에 많이 덮고 양지 바른 곳에 둔다. 장을 담글 때 나머지 소금물을 줄어든 만큼 수시로 덧부으면 익은 장이 많이 난다. 더덕과 도라지의 노두를 따 버리고 씻어 말려서 가루로 만들고, 이것을 자루에 넣어 물에 담가서 쓴맛을 없애고 꽉 쥐어짜서 물기를 없앤 다음

장 담글 때 장독 바닥에 깔아 놓으면 맛이 좋다.

시의전서

간장兵醬

메주 1말에 물 1동이와 소금 7되씩 담되 시기가 늦으면 소금을 좀 더 넣는다.

진장眞醬

9월에 메주를 쑤는데, 검은 콩을 쑤어 고추장 메주 같이 만들어 잘 띄운다. 물 1동이에 소금 4~5되를 넣어서 메주에 합한 다음에 채반으로 덮어서 헛간에 둔다. 100일 만에 장을 뜬 다음 검은콩 1되, 대추 1되, 찹쌀 5홉을 넣어서 달인다. 다 달인 장은 항아리에 넣어 항상 그늘진 곳에 두고 볕을 쪼이는 것이 좋다.

조선요리법

정월장·이월장·삼월장

메주 1말에 물은 3동이면 간장 빛이 좋다. 소금은 물 1동이에 소두 5되면 적당하다. 소금물은 하루 전에 풀어 놓았다가 고운체로 밭쳐 놓고, 메주를 솔로 정하게 쓸어 독에 담고 장물 푼 것을 붓는다. 물을 다 붓고 홍고추 몇 개를 넣고 참숯을 자질구레하게 쪼개서 불을 빨갛게 달구어 서너 개 넣고, 대추도 몇 개만 넣는다. 장 담근 지 한 57일 되면 뜨게 된다. 뜨기 전에도 한 삼일 지낸 후엔 매일 식전에 열어 놓았다가 저녁이면 덮는다. 장독을 문포나 목아사 같은 것으로 싸서 동여맨다. 그리고 장을 떠서 달이기도 하고, 안 달이기도 한다. 대리는 것은 솥에 붓고 충분히 끓여서 거품은 걷어 낸다. 이월장은 정월장과 같고, 삼월장은 물 1동이에 소금만 일곱을 넣어야 한다.

5. 청태장 ^{靑太醬}

증보산림경제　햇 청태콩의 껍질을 벗긴 다음 시루에 푹 쪄서 둥글게 반죽한 다음 칼자루만 하게 만들어서 콩잎으로 덮어 두어 곰팡이가 피면 볕에 쬐여 말렸다가 정해진 법대로 장을 담그면 맛이 아주 좋다.

　다른 방법에 의하면 청태콩으로 메주를 만들어서 떡갈나무 잎사귀로 하나하나 싸서 지푸라기로 묶어 빈 가마니 속에 넣어 두었다가 곰팡이가 핀 다음 꺼내어 온돌에 뒤집어 3일간 말리는데 볕에 말리면 더욱 좋다. 그런 다음 곧 장을 담가 소금을 약간 넣고 숙성이 되기를 기다렸다 먹어야 하니, 만일 그렇게 하지 않으면 벌레가 생기기 쉽다. 청태콩으로 메주를 만들 때는 물을 약간만 넣어 쪄 낼 뿐이니 일반적인 방법대로 해서는 안 된다.

규합총서　햇 청태콩을 시루에 쪄 메줏덩이를 칼자루 모양으로 만들어 콩잎으로 덮어 섬 속에 넣어 띄워라. 메주가 누른 옷을 입거든 내어 따뜻한 데 굴려 말리거나 볕에 말려라. 소금으로 짜지 않게 간을 맞추어 장을 담그면 그 맛이 맑아 심히 아름다우나 가시가 꾀기 쉬우니, 메주를 꽤 말려야 오래 두어도 상하지 않는다.

6. 어육장 ^{魚肉醬}

증보산림경제　콩을 아주 깨끗이 일어 정해진 방법대로 메주를 만들고, 또 품질이 좋은 소금을 준비하고 물을 끓여 식히는 것도 모두 정해진 방법대로 준비한 다음, 좋은 항아리를 우선 땅 속에 묻어둔다. 별도로 지방을 뺀 쇠고기 10여 근노루고기 혹은 양이나 토끼고기도 좋다과 털과 내장을 제거한 꿩 10마리와 닭

10마리를 준비하되 ^{거위나 오리, 기러기도 쓸 수 있다} 통째로 사용하고 굳이 나눌 필요는 없다. 또 소의 내장 ^{소양}과 염통 및 숭어, 도미, 광어, 민어, 조기, 준치 등을 모두 내장과 비늘과 머리를 제거하여 약간 볕에 쬐어 물기를 없애는데 연어, 방어, 대구를 대신 써도 상관없다. 또 문어나 낙지를 끓는 물속에 넣고 반쯤 익힌 다음 꺼내고, 생전복과 생홍합도 소금을 약간 타서 스며들기를 기다렸다가 씻어 말린다.

위와 같이 준비가 다 되었으면 먼저 고기 종류를 항아리 맨 아랫부분에 두고, 그 다음 생선 종류를 두고, 또 꿩과 닭을 두는데, 반드시 메주를 사이에 넣고 층층이 놓는다. 그런 다음 소금물을 이전의 방식대로 붓는데, 메주 한 말당 소금 7되의 비율로 한다. 잘 넣어 두기를 마치면 볏짚으로 항아리 몸체를 두텁게 에워싸고 기름종이로 항아리 주둥이를 봉한 후 질그릇 동이 뚜껑을 덮고, 다시 볏짚으로 덮는다. 그런 다음 흙으로 덮어 항아리를 묻는데 절대로 빗물이 스며들게 해서는 안 된다. 일 년 지난 뒤에 꺼내어 먹으면 맛이 비할 데 없이 좋다. 생선 종류는 어떤 종류라도 넣을 수 있고, 심지어 새우나 게 및 달걀과 오리알 따위도 모두 넣을 수 있으며 천초, 생강, 두부도 넣을 수 있다.

또 다른 방법은 힘줄을 제거한 노루고기 혹은 양이나 토끼고기 4근과 메줏가루 1근 반을 곱게 빻고, 소금 1근 ^{혹은 4냥}과 잘게 썬 파 뿌리 1주발, 좋은 생강과 천초 등을 술에 섞어 된 죽처럼 반죽하여 작은 항아리에 담고 봉한다. 10

◀ 어육장에 들어가는 재료
▶ 막 담근 어육장

여 일이 지난 뒤 상태를 살펴보아 된 듯할 때에 술을 다시 넣고, 맛이 싱거울 때에는 소금을 넣어 진흙으로 빈틈없이 봉한 다음 한낮에 볕에 쪼인다.

규합총서　크고 좋은 땅을 깊이 파고 묻는다. 쇠볼기 기름과 힘줄을 없이하고 볕에 말리어 물기 없이하여 10근, 생치·닭 각 10마리를 정하게 취하여 내장을 없애고, 숭어나 도미나 정히 씻어 바늘과 머리 없이하고 볕에 말리어 물기 없이하여 10마리, 생복·홍합 크고 잔새우 등 무릇 생선류는 아무 것이라도 좋고, 계란·생강·파·두부 또한 좋다. 먼저 쇠고기를 독 밑에 깔고, 다음에 생선을 넣고, 닭·생치를 넣은 뒤, 메주를 장 담그는 법대로 넣는다. 물을 끓여 차게 채워 메주 1말에 소금 7되씩 헤아려 물에 풀어 독에 붓기를 법대로 하라. 짚으로 독 몸을 싸서 묻고, 유지로 독 부리를 단단히 봉하여 큰 소래기로 덮어 묻어 버리라. 행여 비가 새어 젖게 말고, 돌 만에 열어 보면 그 맛이 아름답기 비길 데 없다.

조선무쌍신식요리제법

어장 魚醬

무슨 생선이든지 성한 것으로 토막 쳐 깨끗이 씻은 후 1근 가량에 볶은 소금 3냥과 천초, 회향, 건강 각 1돈과 신국 2돈과 흑국 5돈에 술을 각각 나누어 치고 생선과 함께 버무려 질그릇에 넣고 잘 봉하여 둔 지 열흘이면 먹을 수 있으니 먹을 때 파꽃을 조금 더하여 먹는 것이 좋다.

육장

심줄과 뼈를 뺀 정육 4근과 간장 1근 반과 곱게 만든 소금 4냥과 잘게 썬 파 흰 것 1사발과 천초, 회향, 진피 각 5~6전을 술 넣어 버무려 짓이겨 고기와 함께 된 죽과 같이 하여 질그릇에 넣고 단단히 봉하여 뜨거운 볕을 쪼인다.

십여 일 후에 열어 보아 말랐거든 다시 술을 치고 싱거우면 다시 소금을 치고 휘저어 볕에 또 쬐면 저절로 맛이 난다. 우리나라에서 고기로 장을 담그려면 장에 삶아 익히거나 혹 담가서 절이거나 할 따름이다. 그 법이 한결같지 않으나 다 젓 담그는 것과 같되 중국 사람이 육장이나 어장 만드는 것은 소금이나 장이나 각종 향기로운 재료를 넣어 담근다.

7. 팥장 小豆醬, 소두장

증보산림경제 정월에 팥을 푹 삶아 식힌 다음 동그랗게 떡 모양으로 빚어 묵은 장에 넣었다가 꺼내어 곰팡이가 피면 구멍을 뚫고 매달아 바람을 쏘인다. 3~4일 동안 콩을 충분히 볶은 다음 콩을 문질러 껍질을 벗기고 키로 까불러 깨끗이 하여 푹 삶은 뒤 건져 낸다. 팥 누룩 1말당 삶은 콩 10말을 섞고 소금 40여 근을 타서 고르게 반죽하고 곱게 찧은 다음 항아리에 넣고 날마다 휘저어 주며 볕을 쪼이면 7일이 지나 먹을 수 있다. 묵은 장과 섞을 때에는 대부분 이 방법을 참작하여 행한다.

조선무쌍신식요리제법 팥을 얼마든지 까불러 모래를 없이하고 맷돌에 갈아 까불러 껍질을 버리고 다시 곱게 갈아 물에 담근다. 반일 만에 건져 말려 다시 비벼서 남은 껍질을 없애고, 그 이튿날 일찍이 물을 붓고 정하게 일어서 건져 말린다. 밀가루와 합하여 주물러 덩어리를 만들어 덮어 띄운 지 한 달 만에 열고 꺼내어 굵은 광주리에 넣고 바람 통하는 곳에 달아맨다. 그 이듬해 이월 보름께 꺼내어 수건으로 흰 것을 말갛게 씻어서 부수어 다시 갈아 곱게 만들어 20근 가량에 소금 10근 4냥을 섣달臘月에 합하여 화일火日 되는 날 새벽

에 담가 두었다가 두 달 후에 먹는다. 본초에는 누룩가루 10근 가량에 소금 5
근을 넣고 담근다 하였다.

8. 보리장 大麥醬, 대맥장

조선무쌍신식요리제법 검은 콩 5말을 모래 없이하고 볶아서 물에 담갔다가
그 물째 솥에 붓고 삶아 무르거든 건져 내어 식힌다. 보릿가루 100근 가량을
고운 가루로 만들어 콩 삶은 즙으로 반죽하여 삶은 콩을 함께 섞어 큰 조각
으로 썰어 시루에 쪄서 쏟아 식거든 닥나무 잎으로 덮어 둔다. 누른 옷을 입
거든 내어 볕에 말려 가루로 만들어 정일丁日이나 화일火日에 담그니 이 황자黃子
1말에 소금 2근과 정화수 8근을 모두 합하여 항아리에 넣고 볕에 놓는다.

9. 된장

조선무쌍신식요리제법 우리나라에서도 된장을 좋은 것으로 먹으려면 메주
를 위와 같이 정성스럽게 만든 것을 장 담그듯이 하되, 소금물을 위와 같이
깨끗하게 타고 조금 슴슴하게 한다. 소금물을 붓되 메주가 겨우 풀릴 만큼 붓
고, 되직하게 담가서 익거든 자연 장은 뜨지 말고 그냥 두고 무엇에 넣든지 그
냥 양념하여 먹는다. 된장을 만든 후에 무를 수득수득하게 말려서 넣었다가
집어내어 썰어 먹어도 좋고 굵은 풋고추를 꼭지째 넣었다가 찌개할 때 그냥
넣든지 썰어 넣든지 하여 먹으면 매우 좋다. 그 외에 무엇이든지 넣었다가 먹
어도 좋다.

조선요리제법　간장을 뜨고 남은 찌끼로 된장을 만드는 것이니 간장을 거르고 그 남은 건지를 즉시 독이나 항아리에 담고 주걱으로 꼭꼭 누른 뒤 그릇의 가와 거죽을 정하게 씻고 망사나 얇은 감으로 꼭 봉하고 매일 덮개를 열어서 볕을 쏘이고, 항상 정결히 하면 벌레가 결단코 생기지 않는 된장이나 고추장에 벌레가 생기는 것은 부부의 수치가 되니 된장을 쓸 때마다 물이 묻지 않은 깨끗한 주걱으로 떠내고 즉시 꼭꼭 누르고 그릇 가를 깨끗하게 씻고 꼭 봉해서 두고, 위로부터 차차 떠서 쓰고, 우물을 파서 구덩이를 두는 것은 정결치 못하게 되어 벌레가 생긴다.

10. 청국장淸國醬 · 전국장戰國醬 · 수시장水豉醬

증보산림경제

전시장煎豉醬

첫서리가 내렸을 때에 햇콩 1말을 깨끗이 씻어 푹 삶은 다음 꺼내어 거적에 싸서 온돌에 3일간 두어 곰팡이가 생기면 꺼낸다. 별도로 콩 5되를 볶아 껍질을 벗기고 가루로 빻아 거적 속에서 푹 띄운 다음 절구 안에 함께 넣어 물을 뿌리고 찧으면서 자주 맛을 보아 약간 싱거워야지 짜게 해서는 안 된다.

곱게 찧어졌으면 꺼내 가지와 오이, 동아冬瓜 썬 것과 무 뿌리 따위와 함께 서로 간격을 두어 질그릇으로 만든 독 안에 넣고 주둥이를 봉한 다음, 겉에 진흙을 발라 왕겨불 속에 묻어 두었다가 하룻밤 지나면 꺼내어 쓸 수 있다.

가지와 오이 등에 우선 소금을 약간 쳐서 껍질 위에 돋아난 것이 생기면 물로 깨끗이 헹군 다음 말려서 독 안에 넣는다. 장이 만들어지면 고춧가루를 넣어 먹는다.

수시장 水豉醬, 각지전국장

콩을 양에 상관없이 볶아 약간 붉게 하고 검게 탄 것은 솎아 낸 뒤 비비고 까불러서 껍질을 벗기는데, 단지 속 알맹이가 쪼개지게만 하고 부서지지 않게 한다. 그런 다음 솥 안에 물을 가득 부어 푹 삶은 다음 걸러 내고 그 국물은 깨끗한 독에 남겨 둔다. 삶은 콩은 거적으로 싸거나 큰 박 안에 담아 수건 10장으로 두껍게 싸서 온돌에 두고 2, 3일을 기다려 곰팡이가 피면 꺼내어 다시 솥 안에 넣은 다음, 남겨 둔 콩 국물을 붓고 다시 삶는다. 적당량의 소금을 부어 싱거워야지 짜면 안 된다 국물이 누렇고 걸쭉하게 된 정도까지 삶아지면 꺼내어 사기로 만든 독에 담아 식힌 다음에 먹을 수 있다. 고추를 넣으려면 반드시 콩을 삶을 때에 넣어야 한다.

다른 방법은 푹 쪄 내어 곰팡이가 핀 콩을 온돌에 펼쳐 말리거나 혹은 볕에 말려 종이 주머니에 넣어 두었다가 때때로 꺼내어 쓰는데, 냉수를 넣고 끓여 소금을 곁들여 먹어도 좋다.

다른 방법은 푹 쪄 내어 곰팡이가 핀 콩에 소금을 약간 섞어서 절구에 곱게 빻은 다음 사기로 만든 항아리 속에 넣어 두는데, 아침과 저녁때마다 꺼내어 쓸 때에는 숟가락으로 휘저어 준 다음 꺼낸다. 된장 #醬과 똑같은 분량을 섞어 나물국을 만들면 맛이 매우 훈훈하고 감미로워 진실로 오래된 시골의 찬거리로는 그만이다.

규합총서

청육장

콩을 볶아 탄 것을 없애고 까불러 갈아 껍질을 없애고, 솥에 넣고 물을 많이 부어 달인다. 그 즙을 항아리에 잘 두고 삶은 콩은 오쟁이나 열박에 담아 수건 같은 것으로 두껍게 여러 벌 싸서 더운 데 둔다. 3~4일 후에는 실이 날 것이니 솥에 붓고 두었던 즙을 한 가지로 달이되, 쇠고기를 많이 넣고 무 썬 것과 다시마·고추를 한데 넣어 달여 쓴다.

시의전서

청탕장 淸湯醬

콩을 볶아서 까불러서 껍질을 버린다. 물을 많이 붓고 삶은 다음에 건더기는 따로 건져 항아리에 담아 띄우고, 물은 따로 퍼 둔다. 3일이 지난 후 콩 건지와 해삼·전복·건대구·북어·흘떼기·다시마·통무를 넣고 푹 달인다. 그 다음에 청국장을 퍼서 찬 데에 두고 먹을 때에 간장을 타고 고춧가루를 넣어 먹는다.

조선요리법

청국장

콩을 타지 않게 볶아서 매에다 반쪽씩 맛나게 타서 껍질은 까불러 버리고 솥에다 물을 붓고 삶아서 건져 알맞은 그릇에 담아서 더운 곳에 엎어 두었다가 이틀 만에 열어 보아 진이 나고 떴거든, 위에 쓴 곰거리양지머리, 사태, 대창, 뼈도가니 전부와 무까지 푹 곤다. 전복도 불려서 같이 넣고 해삼도 따로 삶아서 반으로 갈라 속을 정하게 씻어서 같이 넣고 삶아서 국거리 썰듯이 썰어 갖은 양념을 해서 솥에다 도로 넣고 건대구도 정하게 씻어서 자잘하게 썰어 넣고, 띄운 콩은 정한 자루를 만들어서 담아서 국 끓이는 속에다 넣고 끓여 콩 맛을 낸다. 그래서 다 되면 그릇에 퍼 두고 먹는다. 통고추는 서너 토막 내어 넣고 곤다. 퍼 놓은 후 다 식거든 기름은 걷고 먹을 때마다 고춧가루를 조금 쳐서 먹는다.

11. 담북장^{淡北醬}

시의전서 9월에 메주를 쑤는데 고추장 메주처럼 빚어 이칠일을 띄운 후, 이 것을 부수어 말려서 가루를 낸 다음에 어레미로 친다. 따뜻한 물에 고춧가루를 함께 훌훌 버무려 항아리에 넣어 방안에 두었다가 2일 후 그것을 간을 맞춘다. 익거든 움파·버섯·꾸미·도루묵·배추 잎을 깨끗이 씻어 썰고, 그것을 장에 합하여 기름을 많이 넣고 지지면 좋다.

조선요리제법 굵은 콩을 볶아서 맷돌에 타서 껍질을 까불러 버리고, 솥에 넣고 물을 붓고 삶아서 바구니에 건져 담고, 짚이나 가랑잎을 정하게 씻어 콩에 덮고 더운 방에서 4~5일 동안 둔다. 주걱으로 떠 보아 실같이 진이 생기면 솥에 넣고 무를 썰어 넣고 생강을 이겨 넣고, 무거리 고춧가루와 소금을 넣고 섞어서 항아리에 담고 꼭 봉해서 일주일가량 볕에 쪼여 먹으면 맛이 매우 좋다. 또 메줏가루에 굵은 고춧가루와 물을 적당히 치고 생강을 이겨 넣고 소금을 맞게 쳐서 일주일가량 두었다가 먹으면 맛이 좋다.

조선요리법 메주는 무장 메주를 쑤듯이 해서 곱게 빻아 고운체로 친다. 고춧가루만 알맞게 섞어서 하룻밤 재워 소금으로 간을 맞춘다. 급히 먹으려면 따뜻한 데에서 익히면 3~4일 내로 먹을 수 있게 된다. 물은 반죽을 봐 가며 친다.

12. 담수장 ^{淡水醬}

증보산림경제, 임원십육지 가을과 겨울 사이에 메주를 만드는데, 손에 잡히는 대로 동글동글한 덩어리 모양으로 만들었다가 초봄에 덩어리를 깨 보아 아직 습기가 남아 있는 조각은 쪼개어 볕에 쬐어 말린다. 3~4되씩을 따뜻한 물에 넣고 싱거운 소금을 섞어 작은 독 안에 담근 다음, 따뜻한 방 안에 두거나 볕을 쬐면 6~7일쯤 지나 숙성되는데, 햇나물과 곁들여 먹으면 맛이 새롭다. 혹은 먼저 따뜻한 물에 3~4일 정도 메주를 담가 두었다가 먹을 때에 싱겁게 소금을 타기도 한다.

13. 고추장

고추장용 메주와 명칭

조선요리법

고추장 메주

흰콩 소두 1말이면 멥쌀은 소두 6되 가량만 넣으면 알맞다. 콩을 미리 씻고 일어서 하루쯤 담갔다가 흠씬 불었거든 찐다. 쌀도 씻어 담갔다가 불거든 빻아서 보통 체에 치고 불은 콩도 건지고 시루에다 시루 밑을 놓고 콩 한 켜, 가루 한 켜 섞바꾸어 다 앉힌 후 떡 찌듯 해서 절구에 찧어 작고 동글게 만들어 가운데 구멍을 뚫는다. 한 이틀 동안만 광주리 같은 데 놓아 물기를 걷어 시루에 짚 한 켜, 메주 한 켜 앉혀 띄운다. 며칠마다 열어 보아 물이 흐르고 허옇게 옷을 입으면 꺼내서 다시 시루에 재워 띄우고, 이와 같이 두어 번 띄워서 볕에 말린다. 보통 3주면 뜬다. 너무 오래 띄우면 고추장에서 약내가 나고 맛이 덜하다.

시의전서

약고추장

메주 1말을 쑤려면 백미 2되를 가루로 만들어 흰 무리를 찐다. 삶은 콩을 찧을 때 흰무리를 함께 넣어 곱게 찧어 메주를 주물러 빚는다. 그 위를 솔잎으로 덮어서 띄우는데 7일에 한 번씩 메주를 뒤집어 띄운 후 말린 다음에 곱게 가루를 낸다. 이 메줏가루 1말에 소금 4되를 좋은 물에 타 버무리는데 질고 되기는 묽은 의이만큼 한다. 고춧가루 5홉이나 6홉 정도를 식성대로 섞는다. 찹쌀 2되로 질게 밥을 지어 함께 고루고루 버무리고, 혹 대추 두드린 것과 포육가루와 잘 섞어 꿀을 1보시기만큼 넣기도 한다.

조선무쌍신식요리제법

고초장苦草醬 · 만초장蠻散醬 · 랄장辣醬

고추장이라 하는 것은 어느 때 났는지 모르나 필시 간장이 난 뒤에 났을 것이고, 갖은 반찬 중에 대단히 요긴한 것이라 달고 짜고 매우며 조금 새콤한 것은 싱겁게 익은 것이다. 요긴한 반찬이 되고 비위에 맞아 여러 군데 쓰이기는 간장 다음은 된다. 또 이것은 돈 주고 살 수 없는 것이 한마디로 메주를 정성들여 썩지 않게 잘 띄워야 하는 것인데 간장의 메주보다 더 정성을 들여야 하는 것이다.

문제는 고추를 가루로 만드는 것이니 산밭에 거름을 덜하고 심은 고추는 빛도 누렇고 단맛이 없고 맵지 않아 못 쓰고, 밭에서 거름을 많이 하고 길러서 맛물에 딴 고추는 굵고 살이 두껍고 빛이 붉고 맛이 단 것이다. 이것을 꼭지도 정실히 따고 씨도 하나도 없이 털고 바싹 말려 찧어서 깁체에 쳐야 하니 이 두 가루만 법대로 담그는 것이니 어찌 돈 주고 진품을 얻을 수가 있을까. 이것이 쉽고 어려워 대강 기록한다.

고추장 담그기

소문사설

순창고추장법淳昌苦椒醬造法

콩 2말을 메주 쑤고, 백설기 5되를 합하여 잘 찧어서 곱게 가루로 만들어 빈 섬에 넣고 띄우는데 음력 1, 2월에는 7일 정도 띄워서 이것을 꺼내어 햇볕에 말린다. 좋은 고춧가루 6되와 위의 가루와 섞는다. 또, 엿기름 1되와 찹쌀 1되와 합하여 가루로 만들어 되직하게 죽을 쑤어 냉각한 후에 단 간장을 적당히 넣으면서 모두 항아리에 담는다.

여기에 전복 좋은 것으로 5개를 비슷비슷하게 썰고 큰 새우와 홍합을 함께 넣고 생강도 썰어서 넣어 15일 정도 삭힌 후에 꺼내어 찬 곳에 두고 먹는다. 나는 생각하기를 꿀을 섞지 않으면 맛이 달지 않은 것인데 이 방법이 실려 있지 않은 것은 빠진 것이 아닌가 의심스럽다.

증보산림경제

만초장蠻椒醬

콩을 고운 것으로 잘 골라 일어 모래와 돌을 솎아 내고, 정해진 법대로 메주를 만들어 바짝 말린 다음 가루로 빻아 체로 잘 거른다. 1말 당 고춧가루 3홉과 찹쌀가루 1되의 비율로 하여 3가지 맛에다가 좋은 청장淸醬을 타서 잘 개어 걸쭉하게 만들어서 작은 항아리에 넣고 볕을 쪼이면 된다. 시속의 방법으로는 그 안에 볶은 깨가루 5홉을 넣는데 그렇게 하면 기름기가 생기고 텁텁하여 좋지 않고, 또 찹쌀가루를 많이 넣으면 맛이 시어져 좋지 않으며 고춧가루를 많이 넣어도 너무 매워 좋지 않다.

다른 방법은 콩 1말로 두부를 만들어 꽉 짜서 물기를 제거하고 여러 재료들과 함께 버무려 숙성시키면 맛이 매우 좋다. 버무릴 적에 소금물을 넣어도 좋지만 맛이 좋은 청장을 타는 것이 가장 좋다.

다른 방법은 생선을 말려 머리와 비늘을 제거한 뒤편으로 잘라 곤포, 다시마 따위를 함께 넣어 숙성되기를 기다려 먹으면 매우 좋다^{청어 말린 것이면 더욱 좋다}. 고춧가루를 쓰지 않고 혹 천초로 대용하기도 한다.

임원십육지

남초장 南椒醬

멥쌀을 잘 찧어 가루를 내서 흰떡을 만든다. 대두를 깨끗이 씻어 시루에 쪄서 잘 찧어 어린아이 주먹만 한 크기로 메주를 만든다. 켜켜로 솔잎을 깔고 21일 동안에 곰팡이가 피면 볕에 바싹 말려 빻아서 가루로 한다. 남초가루·참기름·꿀 등을 넣고 독에 담아 볕을 쪼여 익힌다.

주 찬

고초장 古草醬

집장 메주처럼 메주를 만들어서 그 1말을 가루 내고, 또 찹쌀 3~4되로 밥을 짓는다. 여기에 소금 4되마다 고춧가루 5홉 정도를 섞어 진흙처럼 만든 다음, 생강 잘게 저민 것, 무김치 잘게 저민 것, 석이버섯·표고버섯·도라지·더덕 따위를 층층이 넣고 장을 담그면 그 날로 먹을 수 있다. 익은 다음에도 여섯 가지 맛이 변하지 않아 좋다.

규합총서   콩 1말을 쑤려면 쌀 2되를 가루로 만들어 흰무리 떡을 쪄서 삶은 콩 찧을 제 한데 넣어 찧어라. 메주를 줌 안에 들게 작에 쥐어 띄우기를 법대로 하여 꽤 말려 곱게 가루로 만들어 체에 쳐 놓아라. 메줏가루가 1말이거든 소금 4되를 좋은 물에 타 버무리되 질고 되기를 의이⁺이만치 하고 고춧가루를 곱게 빻아서 5홉이나 7홉이나 식성대로 섞는다. 찹쌀가루 2되로 밥을 질게 지어 한데 고루 버무리고 혹 대추 두드린 것과 포육가루와 화합하고 꿀을 한 보시기치는 이도 있다. 소금과 고춧가루는 식성대로 넣는다.

조선요리법   먼저 메주를 빻아서 고운체로 쳐 가지고, 한 3~4일 동안만 밤이슬을 잦히어 바래야 빛도 좋고 메주 내가 안 난다. 그 다음 찹쌀을 씻어 담갔다가 빻아서 이것도 고운체로 쳐서 흰떡 반죽하듯 익반죽해서 둥글게 반대기를 만들어 펄펄 끓는 물에 삶아 건져서 방망이로 힘 있게 저어 응어리 없이 죄다 풀어서 꽈리가 일도록 저어서 떡 삶은 물을 부으면서 반죽이 알맞도록 쳐서 고춧가루와 메줏가루를 치고 하룻밤 두었다가 간을 맞추어 항아리에 담아 익힌다. 날물이 섞이면 못쓴다.

조선무쌍신식요리제법   메주 1말을 쑤었거든 흰쌀 2되를 흰무리 떡을 만들어 메주에 넣어 같이 찧어 잘게 덩이 지어 띄운 후 극히 곱게 가루로 만들어 가루 1말에 소금 3되와 고춧가루 1되를 섞고 찰밥 2되를 지어 밥알이 풀리게 저어 익힌다. 고추장은 풀리게 저어 익히기도 하려니와 또 되게 하여 반죽을 만들되 국수 반죽하듯이 놋그릇에 여러 번 쳐 가며 된 떡처럼 만들어 항아리에 넣고 익히면 맛도 좋고 가시가 안 난다. 여러 번 칠수록 좋다. 또 비단 그릇에 여러 번 치는 것 외에 절구에 넣고 흠뻑 찧어서 하는 것이 더욱 좋으니 아무쪼록 되게 반죽을 하여야 매우 좋다. 엿기름가루를 넣으면 맛이 달고 밀가루를 넣으면 모양이 하륵하륵하여 더욱 좋다.

순창에서 고추장 담그는 법은 넓은 자배기에 담가서 자주 저어 익힌 후에 고운체에 거르고 엿기름을 많이 넣는다. 두루 쓰는 고추장은 찹쌀이 아니라도 멥쌀밥도 좋고 메줍쌀을 가루로 만들어 죽을 쑤어 메줏가루와 소금에 반죽하여 되게 담그면 맛이 달고 좋으나 좁쌀죽을 쑬 적에 눌기 쉬우니 자주 저어야 한다. 만일 차좁쌀을 죽 쑤어 넣으면 더욱 맛이 좋다. 또 대낀 보리나 밀을 넣어도 좋다. 또한 이 위의 것을 다 죽을 쑤어도 좋거니와 죽을 쑤어 쓰는 것이 괴롭거든 떡 찌듯 시루에 쪄서 하는 것이 더욱 편하고 나무가 덜 든다.

급히 고추장 만들기

증보산림경제 볶은 콩을 삶아서 3일 띄워 볶은 콩가루와 함께 절구에 찧고 나서 고춧가루를 섞어 항아리에 담아 7일 만에 익힌다.

조선무쌍신식요리제법 콩 1말을 누렇게 볶아 맷돌에 갈아 껍질을 까불러 버리고 물을 붓고 삶아 건져 내어 즙은 버리고 짚자리에 꼭 싸서 더운 방에 둔 지 3일 만이면 줄이 난다. 콩가루 3말과 함께 절구에 넣고 흠뻑 찧어 1말가량에 고춧가루 3홉을 넣는다. 소금물로 짜고 싱거운 것을 맞추어 가며 섞어 단단한 떡처럼 만들어 항아리에 넣고 볕을 쐬면 이레 만에 익게 되고 보름이 지나면 더욱 좋다.

봄새 메줏가루에 물과 고춧가루를 쳐 막대로 저어 볕에 놓고, 저녁에는 방에 들여 놓으면서 밤낮 저으면 하루가 지나면 먹을 수 있고 쪄 먹는 것보다 날로 먹는 것이 매우 좋다. 메주 냄새가 더욱 좋다.

팥고추장

조선무쌍신식요리제법　가령 콩 1말 쑤다가 조금 무를 만하거든 좋은 팥 7
되를 씻어 넣어 함께 쑤어 팥물이 콩에 들도록 쑤는데, 팥과 콩을 처음부터
함께 쑤면 팥이 너무 물러서 못쓴다. 콩이 반쯤 불어나거든 팥을 넣어 다 무
르면 절구에 찧어 흰무리 떡 5되를 만들어 함께 찧어 넣고 메줏덩이를 조그맣
게 만든다. 메주를 띄워 말린 후에 가루를 만들어 고운체에 쳐 놓고, 좋은 찹
쌀 한 말 닷 되를 쪄서 식은 후에 메줏가루와 함께 버무려 여러 날 저으면 다
삭는다. 그 때에 소금과 고춧가루를 넣어 버무려 담그면 며칠 만에 먹을 수
있고 빛은 검고 맛은 달고 모양이 한단젓과 같다. 물론 휘저을 수 있을 만큼
넣고 버무린다.

　다른 법은 동지 후에 붉은 팥을 떡고물처럼 무르게 삶아 으깨어 볕에 말려
가루로 만들어 체에 친다. 메주와 찹쌀가루가 가령 2되면 팥가루를 1되쯤 섞
고 물을 질게 붓고 고춧가루는 식성대로 넣고 방망이로 저으면 며칠 만에 익
는다. 날이 추우면 방에 들여놓고 다 익을 때 산포散脯: 쇠고기를 아무렇게나 조각을 떠서
소금에 주물러 볕에 말린 포를 바싹 말려 가루를 내어 넣거나 큰 새우를 넣으면 맛이
대단히 좋다.

14. 즙장汁醬

사시찬요초　가지와 외를 장 1말, 밀기울 3되와 섞어서 말똥 속에 묻어 그 열
로써 숙성시킨다.

수운잡방 콩 4말, 밀기울 8말을 준비한다. 먼저 콩을 물에 담가 4~5일 지난 후에 건져 밀기울과 같이 매우 곱게 찧는다. 이것을 손으로 쥐어서 메줏덩어리처럼 만들고 푹 쪄서 김을 날려 보낸 후, 붉나무 잎이나 닥나무 잎으로 두껍게 싸서 따뜻한 곳에 둔다. 6~7일 지난 후 이것을 부수어 햇볕에 말려서 가루를 내고 이 가루 1말에 소금 2되를 섞는다. 이것은 가지를 지로 담그는 데에만 쓰며, 독에 담아 앞에서와 같이 말똥에 묻어 둔다. 또 통밀과 콩을 같은 양으로 해서 온채로 쪄 내어 같이 찧은 다음 메주처럼 손으로 쥐어 만들어도 된다.

증보산림경제 전주에서는 가을이 되면 곱게 찧은 보리쌀 1말을 볶고, 누런 콩 5되를 볶아 껍질을 벗기고 함께 가루로 빻아 쌀뜨물을 섞어 호두알처럼 동그랗게 반죽하여 시루 속에 푹 쪄 닥나무 잎이나 뽕나무 잎으로 싸서 곰팡이가 피면 저절로 마르기를 기다렸다가 또 가루로 빻는다. 가루로 빻을 때는 반드시 볕에 쬐어 말린다. 그런 다음 감청장^{甘淸醬}에 개어 농도를 알맞게 하고, 가지와 오이를 씻어 말려 물기를 뺀 다음 이전의 방식대로 차곡차곡 독에 넣고 말똥 속에 묻어 둔다. 3일마다 따뜻한 물로 독을 둔 곳에 부어 이렇게 하기를 9일 동안 하면 꺼내 쓸 수 있다. 식사 때마다 여기에 약간의 꿀을 곁들여 먹으면 맛이 한결 좋다.

규합총서 가을에 밀기울을 1말 누르게 볶고 콩 5되를 볶아 거피하여 한가지로 가루하여 속뜨물에 반죽하여 메주 쥐기를 호두처럼 하여 시루에 찐다. 뽕잎으로 격기 두어 띄워 누르고 흰곰팡이가 슬거든 말려 곱게 가루로 만든다. 좋은 지렁에 알맞추어 반죽하고 어린 외·가지를 꼭지 따 정히 씻어 물기를 말리고 항아리도 물기 없이 하고 먼저 메주 즙을 깔고 가지·외 붙이를 한

벌 깔아 항아리의 9/10를 차지하게 켜켜로 빽빽이 넣는다. 그 위에 외·가지 벤 것을 가득히 덮어 단단히 누른 후 유지로 봉하고, 위를 여러 벌 싸 황토를 이겨 항아리를 발라 말똥을 싸 묻고 위에 생풀을 베어 덮고, 또 그 위에 말똥을 덮는다. 사흘에 한 번씩 더운 물을 그 위에 주다가 두 이레 후 내어 꿀을 달게 타 쓴다.

시의전서 7월에 메주를 쑤는데, 콩 1말에 밀기울 5되를 넣고, 콩 5~6되를 쑤려면 밀기울 3~4되를 넣는다. 콩이 잘 무른 후에 콩 삶은 물에 밀기울을 훌훌 섞어서 덮는다. 거기에 불을 때어 찧기 좋게 익혀서 그것을 찧어서 메주를 만든 다음 솔잎에 재워 둔 후 말려서 가루로 만든다. 찰밥을 지어 장을 담그는데 간장만 하면 맛이 없으니 소금을 넣어 간을 한다. 짜면 맛이 없고 너무 싱거우면 맛이 변하기 쉬우니 간을 알맞게 한다. 어린 고추를 기름에 둘러 숨이 죽을 정도로 볶아서 장에 넣는다. 외와 가지도 절여서 짠물을 우려낸 다음에 보자기에 싸 눌렀다가 장에 켜켜로 넣고 담으면 좋다.

　장항아리에 날물이 들어가지 않게 하여 두엄에 묻는다. 두엄이 매우 더우면 6~7일 정도 두고, 덥지 않으면 8~9일이나 10일이 되어도 좋으니 그것은 보아 가며 한다. 밥은 메줏가루 1말이면 찹쌀 5되를 하고, 두엄이 더워야 좋으니 담기는 8월에 담고, 되게 버무려도 익으면 묽어지니 붉은 고춧가루를 조금 넣으면 좋다. 다른 메주물보다 더 붓고 밀기울을 넣는다.

조선요리제법 가을에 밀기울과 콩을 물에 불려서 둘 다 시루에 찐 다음 절구에 넣고 찧는다. 밤알만큼씩 덩어리를 만들어 둥구미에 담되 가랑잎이나 짚을 격지격지 놓고 잘 덮어서 메주가 누렇게 되고 가죽이 하얗게 입혀지거든 꺼내어 잘 말려서 가루를 만든다. 누룩가루와 물을 함께 섞고 소금을 넣고 잘 섞은 후에 꼭 봉해서 따뜻한 양지에 묻어 두었다가 십여 일 후에 설탕을 타서 먹는다.

조선무쌍신식요리제법　먼저 밀기울^{小麥麩} 2말과 콩 1말을 물에 불려 밀기울과 같이 두드려 쪄 낸다. 손으로 주물러 덩어리를 만들어 가랑잎을 덮어 옷을 입거든 꺼내어 볕에 말린다. 집장을 담그려면 누룩가루 1말과 물 3되와 소금 3홉을 함께 합하여 항아리에 넣고 아가리를 봉하여 말똥 속에 묻으면 7일 만에 되고, 겻불에 묻으면 14일 만에 된다.

15. 그 밖의 장

무장菁根醬

산가요록　참무^{眞菁根} 5동이를 무르게 삶아 메주 한 동이를 평소대로 소금과 섞어 장을 담근다.

　다른 방법은 참무를 끓는 물에 넣어 삶아지면 첫 물을 버린 후에 다시 물러질 때까지 삶는다. 건져 내어 찬물에 담가 하룻밤을 두었다가 건져 발에 널어 겉이 마르거든 평소의 장 담그는 법으로 한다.

수운잡방　무 1동이를 겉껍질을 벗겨 씻어 무르게 삶고, 메주 1말을 가루 내어 소금 1말과 같이 찧어서 독에 담는다. 손가락 굵기의 버드나무 가지로 독 밑까지 10여 개 구멍을 뚫고 소금 1되와 물 1사발을 섞어 끓인 것을 식혀서 부어 두었다가 익으면 쓴다. 그 맛은 엿과 같다. 무를 통째로 무르게 삶아 메주와 섞어 일상의 방법대로 담가 익힌 다음, 갈아서 메주를 만들어도 좋다.

조선요리법 시월에 장 메주를 쑬 때 조그마하고 자잘하게 만들어 먼저 띄운다. 바싹 말려서 솔로 정히 쓸어서 잘게 쪼개 조각을 만들어 항아리에 담고 물을 부어 두면 2~3일 후면 물이 우러나고 동동 뜬다. 그러거든 소금을 간 맞게 쳐서 꼭 덮어 두면 3~4일 후면 익는다. 다 익거든 맛있는 동치미를 껍질을 벗기고 나박김치 썰듯 착착 썰어 놓고 배도 껍질을 벗기고 같은 치수로 썰고 편육 차돌박이도 역시 같은 치수로 썰어서 무장국물을 너무 작지 않은 보시기에 따라서 섞어 담고 고춧가루를 조금만 뿌린다. 동치미가 맛있거든 동치미국으로 무장을 담가도 좋다.

별장別醬

증보산림경제 집에서 만든 메주를 바싹 말려 가루로 만들고, 그 안에 쇠고기를 넣어 잘 드는 칼로 진흙처럼 곱게 다진다. 여기에 향유·생강·파·고추·후추·호두를 넣고, 청미장淸美醬을 물과 섞어 진한 국처럼 만들어서 모두 다 사기 단지에 넣는다. 다 되면 기름종이로 봉하고 사기대접으로 덮어 왕겨불 속에 묻어 두어 불을 때는데, 오늘 묘시오전 5~7시에 묻었다가 다음날 묘시에 꺼내어 쓰면 맛이 매우 좋다.

벼락장

조선무쌍신식요리제법 메주 찧고 남은 무거리에 물을 붓고 굵은 고춧가루를 넣고 한참 저었다가 방에 하룻밤 두었다가 소금을 치고 쪄 먹으면 맛이 별미이다. 처음 메주에 물을 부으면 메주 찌꺼기가 붇기를 잘 하니 계속 물을 쳐 가며 묽게 하여야 좋다. 어찌나 급히 만들어 먹든지 벼락장이라 한다. 찔 때에 고기, 파, 기름을 넣고 찌개 뚝배기에 찌는데 두부를 넣어도 좋다.

두부장

조선무쌍신식요리제법　두부를 여남은 채 가량 헝겊주머니에 넣어 동여서 맷돌에 눌러 물기를 뺀 후에 고추장 속에 넣을 때 아가리를 동여매어 넣었다가 이삼 삭朔 초하루 만에 주머니를 열고 먹으면 맛이 별나게 고소하다.

비지장

조선무쌍신식요리제법　비지와 밀기울을 등분하여 함께 쪄서 메주처럼 반죽 지어 항아리에 담아 둔다. 누른 옷을 입거든 꺼내어 말려 가루로 만들어 3말 쯤 되거든 소금 1되를 넣고 담는다.

잡장雜醬

조선무쌍신식요리제법　노루고기, 양고기, 토끼고기 등 무슨 고기든지 내장과 심줄을 빼고 4근 가량에 메줏가루 1근 반과 소금 1근쯤 혹은 4냥과 파 흰 부분 썬 것 1사발과 양강, 천초, 무이無荑, 진피 각 2, 3냥에 술을 부어 버무리되 된 죽처럼 만들어 항아리에 넣고 봉한 지 10여 일 만에 열어 보아 되면 술을 더 치고 싱겁거든 소금을 더 쳐서 볕에 쪼이되 공기가 통하지 않게 단단히 봉하여야 한다. 아무리 잡장이라도 별난 장으로 안다.

난장卵醬

산가요록　합장할 때 나오는 건지를 베보에 싸서 매달아 국물간장을 빼고 항아리 밑에 깔아 둔다. 같은 메주가 20말이면 건지는 1동이를 기준으로 한다.

또는 황태^{黃太}의 비지^{泡滓}를 쪄서 볕에 말려 모래를 가려서 곱게 가루를 내어 재차 항아리 밑에 담아 두면 매우 좋다.

빨리 먹으려면 맛있는 장^{甘醬}에서 저절로 생긴 간^瀝을 섞어 쓰면 더 좋다.

증보산림경제　닭, 거위, 오리알을 큰 박 안에 담고 손으로 흔들어 껍데기가 깨져 가늘게 금이 가면 바로 맑은 장독 안에 넣고 햇볕에 쪼인다.

다른 방법은 달걀 8~9개를 박 속에 두고 팔팔 끓는 물을 뜨거운 상태로 급히 붓고 잠깐 있다가 위의 방법대로 흔들어 깨서 꺼낸 다음 매우 짠 소금물을 식혀 이 속에 넣는다. 10일 남짓 지난 뒤에 꺼내어 겉껍질을 까고 다시 맑은 장 속에 넣어 두면 한 달 남짓 지나 먹을 수 있으며 한 해를 삭히면 그 맛이 더욱 좋다.

상실장橡實醬

산가요록　먼저 메주를 놓고 그 다음 상수리 가루를 펴 놓고 또 메주를 놓는다. 메주 2동이와 상수리 1동이를 평소 장 담그는 방법으로 하면 좋다.

천리장千里醬

산가요록　감장을 햇볕에 말렸다가 곱게 가루를 내어 참깨가루와 섞어 기름 종이에 싸 두었다가 국 끓일 때나 조림할 때 양념으로 쓰면 그 맛이 두루 미친다.

각 지방의 장

민족의 뿌리를 찾아 전통문화를 보존하는 차원에서 1968년부터 1981년까지 문화재 관리국에서는 지역별 종합 민속조사를 실시하였다. 당시 문화재 전문 위원이던 황혜성을 비롯한 식품학자들이 참여하여 한국민속조사종합보고서 향토음식 편을 발간하였다. 다음은 향토음식 가운데 소금과 장류에 대한 내용을 정리한 것이다. 장은 기본재료가 메주, 소금이므로 재료의 다양성은 없지만, 지역이 가진 환경에서 얻게 되는 곡물로 만들어지는 메주, 기온 차에 따른 소금의 분량, 집집마다 내려오는 조리방법에 차이가 있다.

1. 간장과 된장 동시 담그기

한 번 장을 담가서 간장과 된장을 함께 얻는 것이 우리의 전통적인 장 담그기 방법이다. 즉 메주를 소금물에 담아서 간장을 우려내고 그 부산물로 된장을 담는 것이다. 그러다 보니 된장과 간장의 맛은 서로 상관관계에 놓이게 된다. 잘 뜬 메주는 간장이 잘 우러나기 때문에 된장 맛이 덜하게 되고, 잘 뜨지 못한 메주로 장을 담그는 경우는 간장 맛이 덜할지 모르지만 된장의 맛은 좋아지게 되는 것이다. 그래서 형편이 좋은 양반가나 궁중에서는 장맛을 살리기 위해 간장과 된장을 따로 담기도 했다. 맛있는 성분이 간장으로 다 빠져나가고 나면 된장의 맛이 덜하기 때문에 된장 전용, 혹은 간장 전용의 장을 따로 담갔던 것이다.

요즘은 장의 종류와 담그는 법이 단순화되어 된장, 간장, 고추장으로만 구분하지만 조선시대에는 민가에서 담는 장이 20여 가지나 되었고, 또 지방마다 집안마다 전래되어 내려오는 비법의 장들도 있었다. 우리나라의 국토는 남북으로 길고 산촌, 농촌, 어촌, 섬 등이 다양하게 분포되어 있어 지역마다 특성에 맞는 장들이 지금까지도 전해지고 있다.

서울, 경기도 대개 음력 10월경에 메주를 쑨다. 콩은 하루 전부터 물에 담가 충분히 불려 놓는다. 콩을 삶아 메줏덩이를 만드는데 콩이 대두 1말이면 6

◀ 막 담근 장

덩이 정도, 모 말이면 2덩이가 되게 빚어 떠워서 매달아 말린다.

봄이 되어 장을 담그게 되면 메주를 깨끗이 씻어 다시 하루 정도 말린다. 소금물은 전날에 풀어서 가라앉힌다. 정월장이면 물 1동이^말에 소금 소두 3되를 풀고, 늦게 담으면 조금 더 넉넉히 푼다. 메주에 소금물을 부어서 석 달쯤 두는데 위에 고추 3개, 참숯 3개, 참깨, 대추 3개 정도를 떠워 둔다. 장독에 떠 붓는 날은 손 없는 날인 열흘, 스무날, 그믐날 또는 말날이나 돼지날로 한다. 석 달 만에 장을 뜨면 ^{음력 4월경} 된장을 그대로 눌러 놓는다.

충청도 음력 8~10월에 메주를 쑤어 말려서 매달아 둔다. 메주가 뜨는 대로 정월, 이월, 삼월에 장을 담는데 담그는 날은 말날^{午日}로 한다.

메주는 콩을 소두 2말을 불리지 않고 처음부터 삶아 물이 많으면 물을 떠내고 뜸 들인다. 그런 다음 절구에 찧어서 메줏덩이가 10개 정도 되도록 네모지게 목침 모양을 만든다. 콩을 삶아 메주를 만들어 까맣게 뜨면 씻어서 쪼개어 말린다. 음력 1월과 3월에 장을 담그며 2월은 남의 달이라 하여 장 담그기를 피했으며, 2월에 담근 장은 제사에 쓰지 않았다. 장 담글 때 소금과 물의 비율은 물 2동이에 소금 소두 4되를 풀고 소금물 2동이에 대두 1말의 비율로 잡는다.

- 청원 지방에서는 콩메주 대두 1말에 물 1.5동이, 소금 소두 6되를 풀어 장을 담근 후 3~4개월 만에 뜨며 달이지 않는다. 장을 뜰 때는 용수를 박아서 뜬다. 장의 숙성 기간이 길기 때문에 꼭 용수를 써서 떠야 맑은 장을 얻을 수 있다.
- 서해안 도서지방에서는 쌀과 콩이 넉넉하지 못하기 때문에 장을 담글 때 물을 육지의 2배 정도로 많이 잡아 장이 묽다.

경상도 　초겨울 10월경에 메주를 쑤면 정월경에 장을 담근다. 소금물을 받쳐 항아리에 붓고 메주를 넣고 고추, 대추, 숯을 넣는다. 서울 지역에 비해 짜게 담근다. 소금물에 담근 지 50~60일이 지나면 장을 뜨는데 뜰 때는 용수를 박고 뜬다.

전라도

○ 구례 지방은 10월이나 동지에 메주를 쑨다. 콩 1말로 메주가 5, 6개 나오게 네모지게 빚는다. 짚으로 묶어서 빈방이나 시렁에 매달아 두었다가 정월에 내려서 가마니에 넣어 따뜻한 곳에 두어 띄운다.

　　장은 음력 정월 그믐께 말날에 담그는데 메주 1말에 호렴 5~6되를 풀어서 담근다. 약 40일 만에 장을 가르는데 장이 많아서 밀릴 때는 김장 때까지 그대로 두기도 한다.

　　장을 뜰 때는 용수를 살그머니 박고 묽은 장만을 뜨기도 한다. 장을 가를 때에는 메줏덩이를 건지고 나머지 묽은 장을 큰 솥에 부어서 끓여 완전히 식은 후 장 항아리에 옮긴다. 이 지방은 특히 용수가 크고 튼튼하다. 다른 지방은 보통 술 뜨는 용수를 쓰는 경우가 많은데, 여기는 대나무가 흔한 곳이어서 장 용수를 따로 만든다.

○ 순창 지방은 콩메주 대두 1말에 물 2동이, 소금 소두 6되를 잡는다. 정월 중 말날을 가려 장을 담근다. 또, 3월 삼짇날에 담가 7월에 장을 뜨거나 그렇지 않으면 다음해 4월이나 5월에 장을 떠서 된장과 간장을 가른다.

○ 남원 지방은 음력 정월에 메주를 쑨다. 장을 담가 다음해 돌이 되면 메주를 건지고 장을 떠서 달이지 않고 먹으며 엿을 넣는다.

○ 무주 지방은 동짓달에 메주를 쑤어 띄워서 2월에 장을 담근다. 5월쯤 되어 장을 뜨거나 아니면 돌까지 두었다가 뜬다.

○ 부안 지방은 가을에 메주를 일찍 쑤어서 자그맣게 만들어 빨리 띄운다. 장 담그는 날은 납평이나 동짓날로 하는데 소금물을 삼삼하게 붓는다. 이 장은 가장 일찍 먹으므로 햇장이라 한다.

강원도　음력 1, 2월에 장을 담가서 약 두 달쯤 지난 후에 간장을 뜬다.

장 담글 때 재료의 분량은 일정하지는 않으나 콩 1말 분량의 메주에 물은 3~4말, 소금은 물 1말에 소금 4되를 풀어서 쓴다. 간장을 진하게 하려면 물을 2말만 쓴다. 영동 지역의 어촌에서는 바닷물과 소금물을 섞어서 쓰기도 한다. 장을 가를 때는 먼저 즙액을 떠서 체에 밭아 섭씨 60~70도 정도로 서서히 달인다. 지나치게 과열하여 끓으면 간장의 단백질이 익어서 응고되므로 장맛을 그르치게 된다. 간장을 떠내고 남은 건지는 다른 항아리에 담고 꼭꼭 눌러 두고 위에 소금을 고루 뿌려서 한 달 정도 삭혀서 된장으로 먹는다.

평안도　정월에 메주를 쑤어서 3월에 장을 담근다. 콩을 삶아 찧어서 작은 수박덩이만 하게 둥글둥글하게 빚어 놓는다. 이것을 말려서 사이사이에 짚을 깔고 더운 곳에 담요를 씌워 띄운다.

장 담그는 날은 엿샛날이 좋다. 장 담글 소금물은 이틀 전에 호렴을 풀어서 쓴다. 콩 대두 1말에 물 3동이, 소금은 대두 5되를 잡는다. 장광에 항아리를 놓고 메주를 넣은 후 소쿠리에 소금물을 받아 붓는다. 두 달 후에 메주를 꺼내고 간장은 달이는데, 그 양이 1/5로 줄어들 때까지 달인다. 달일 때 위에 생기는 거품은 자주 걷는다. 장은 묵을수록 좋고 햇간장은 묵은 장에 합하지는 않는다.

황해도　황해도는 콩이 아주 좋다. 메주는 10월이나 동짓달에 쑤는데 10월에 쑤는 것이 더욱 좋다.

메주콩을 씻어 일어서 솥에 붓고 끓이는데, 식을 때쯤 되면 또 찌고, 식으면 또 찌고 하는 방법으로 콩이 발갛게 익도록 찐다. 익혀진 콩을 절구에 찧어 네모나게 빚는다. 콩 소두 1말이면 메주 4~5개 정도 만든다. 메주는 불 때는 방에 짚을 깔고 말린 후 다시 짚으로 묶어 매달아 음력 2월까지 띄운다. 장은 정월이나 2월에 담그는데 정월장은 2월장보다 소금을 적게 잡는다. 2월장을 담글 때 소금은 물 1동이에 3되 정도 잡는다. 메주는 솔로 깨끗이 털고 닦아서 항아리에 넣고 소금물을 부은 후 고추를 띄운다. 정월 하순에 담근 장은 3월에 뜬다.

함경도 메주는 콩을 그날 씻어서 바로 삶아서 만든다. 콩을 무르게 삶아 찧어서 목침 모양으로 만들고 짚으로 묶어 매달아 말린다. 보통 동짓달에 메주를 쑤어서 1월까지 매달아 두었다가 2월에 내린다. 이 메주를 짚을 사이에 놓고 가마니를 씌워서 띄워 3, 4월에 장을 담근다.

콩 소두 1말로 메주가 4개 정도 만들어지고 이때 물은 1동이 반, 소금은 소두 4~5되를 잡는다. 소금물에 메주를 넣어 한 달 정도 둔다. 간장은 즙액을 떠서 체에 거르고 솥에 부어 양이 1/3 정도 줄어들 때까지 달인다. 메줏덩이는 건져서 맛을 보아 싱거우면 소금을 넣고 으깨어 독에 담는다. 된장에 날메줏가루를 더 섞어서 맛을 내는 경우도 있다.

제주도 묵은해에 장을 담는 게 좋다고 여겨서 동짓달부터 섣달 사이에 담는 게 보통이다. 장 메주는 담기 두 달 전에 쑤어 잘 띄워 둔다. 콩 4되를 기준으로 물에 불려서 10월쯤 메주를 쑨다. 다른 지방과 마찬가지로 가마니에 넣어 띄운다.

12월경에 장을 담그는데, 물 1말에 소금 4되를 풀어서 말갛게 가라앉으면 독에 붓고 메주를 넣는다. 매일 볕을 잘 쪼여 3월에 장을 갈라서 간장을 뜨고 메줏덩이는 건져서 된장으로 쓴다.

　제주도에서는 간장은 따로 달이지 않는다. 제주도 시골에서는 장독에 뚜껑을 덮지 않고 짚으로 용수를 만들어 모자처럼 씌워 놓는다. 그 이유는 볕을 많이 쪼이면 장이 졸아들기 때문에 햇빛을 약간 차단하고, 혹 별안간 소나기가 쏟아지더라도 비가 들어가지 않도록 하기 위해서이다.

2. 간장만 담그기

장이 알맞게 익으면 소금의 맛과는 비교할 수 없는 맛을 낸다. 소금은 단지 간을 맞추는데 그치지만 장은 특유의 감칠맛으로 음식의 맛을 더해 주기 때문이다.

　조선시대 궁중에서는 갓 담은 햇장에서부터 오래 묵힌 진장까지 햇수가 다른 여러 개의 간장을 가지고 음식을 만들었다고 한다. 검은콩으로 쑨 절메주로는 간장만을 떠내어 진장으로 쓰고 건지는 먹지 않았다고 한다.

　벼슬이 있거나 재력이 있는 양반가에서도 장을 아주 귀하게 여겨 간장과 된장을 따로 담그는 일이 흔했고, 장맛을 살리기 위해 여러 가지 노력을 기울였던 것으로 전해진다.

　한 번 장을 담갔다가 된장을 떠낸 후 그 간장에 다시 메주를 넣어 장을 담가 숙성시킨 뒤 떠낸 것이 겹장이었다. 겹된장, 겹간장 모두 맛이 뛰어났으나 사치로 여겨 서민들에게는 일반화되지 않았다.

　간장과 된장을 따로 담는다고 해서 장 담그는 법이 다른 것은 아니다. 보통은 메주를 소금물에 넣어 1~2개월 정도 되면 장을 가르지만, 간장만 얻을 목적이면 메주를 넣어 5~6개월 혹은 한 해가 지나 다시 돌이 될 때까지 그대로 두었다가 간장만 떠낸다. 메주 성분이 간장 속에 더 많이 우러나오기 때문에 장맛이 월등히 좋아진다. 이때 남은 메주는 성분이 지나치게 빠져버려서 맛이 없어 대개 버리지만 장아찌용으로 쓰기도 한다.

전라도의 접장 접장은 장맛을 좋게 하기 위해 묵은 장에 다시 메주를 넣고 장을 담그는 것으로, 전라도 지방에서는 덧장이라고 한다.

- 익산 지방에서는 장 담그기 25일쯤 전에 메주에 맹물을 부어 불렸다가 이 메주를 독에 넣고 묵은 장을 부어 장을 담근다. 장을 부어 메주가 뜨면 뚜껑을 열어 볕을 쬐고, 장이 줄어드는 만큼 묵은 장을 넣어 보충한다.
- 임실 지방에서는 메주에 따뜻한 물을 부어서 불리고, 이 메주에 작년 장을 부어 장을 담근다. 장을 뜨고 달이지 않으며 엿을 넣는다. 메주콩 1말에 간장 1동이를 잡는다.
- 무주 지방에서는 진미장이라고도 하는데, 메주를 불려서 지난해에 만든 간장을 부어 장을 담그면 빛이 진하고 달다.

경상도의 덧장 진간장을 얻으려면 메주를 검은콩으로 쑤어 띄운 후 소금 농도를 국간장보다 약하게 해서 장을 담근다. 한 달 후 갈라서 진장을 달일 때 다시마, 검은콩을 넣어 색을 검게 한다. 그리고 달일 때 대추를 넣으면 색이 더 까매지고 향긋한 맛이 난다. 장맛을 좋게 하기 위해 장물에 다시 새 메주를 넣어 장을 더 두는데 이를 덧장이라고 한다.

평안도의 강계장 평안도 강계 지방에서 담가 먹는 강계장은 예부터 유명한 명물이다. 강계장이 유명한 이유는 물이 좋고 메주 만드는 법이 다르기 때문이다.

강계식 메주 만드는 법은 주먹만 하게 빚은 메줏덩이를 온돌 아랫목에서 띄우는 것이다. 먼저 물기만 가신 메주를 더운 온돌 아랫목에 모아 놓고, 헌 이불 등으로 꼭 덮어둔다. 이때 위에 수증기가 빠져나갈 정도의 구멍은 남겨둔다. 그러므로 메주가 외부의 바람결을 받아 마르는 것이 아니라 밑에서 치받치는 더운 기운에 뜨면서 마른다. 메주는 입춘 무렵에 만들고 흰 곰팡이나 노란 곰팡이가 생기도록 잘 띄워야 한다. 이 메주를 말렸다가 소금물에 넣어 간장을 떠낸다. 간장은 색이 까맣게 되고 농도가 약간 있을 정도로 진하게 달인다. 장을 달일 때는 엿 달이는 냄새가 난다.

다른 지방에서는 늦가을에 메주를 쑤고 속이 까만 것을 좋다고 하지만, 강계에서는 입춘에 메주를 쑤고 희거나 노란 곰팡이가 피도록 띄운다. 해방 후 월남한 사람들이 강계식으로 장을 담그지만 본고장 맛만 못한 것은 물맛이 다르기 때문이라고 한다.

3. 속성 된장 담그기

장을 담그려면 흔히 음력 10월을 전후해 메주를 쑤고 이듬해 이른 봄에 장을 담는다. 장을 담아서 적어도 40일 정도는 지나야 장을 가르고 햇된장을 먹을 수 있다. 그러다 보니 이때 햇된장이 익기 전 먼저 담근 된장이 떨어져서 부족하면 아예 이때 먹을 된장을 따로 담아 먹는 일이 흔하다.

속성 된장으로는 막장, 담북장, 빠장 등이 있고, 겨울철에 삶은 콩을 2~3일 띄워 만든 청국장도 속성 된장 중 하나이다.

청국장

단기숙성이 특징인 청국장은 전쟁 중에 군사들에게 많은 양의 된장을 조달할 수 없게 되자 속성으로 만든 장이라 해서 전국장戰國醬이라 하고, 청나라에서 전해졌다고 해서 청국장清國醬이라고도 한다. 콩은 보통 메주를 쑬 때처럼 삶되 절구에 넣어 찧지 않고 삶은 콩을 낱알 그대로 발효시키는 점이 다르다. 삶은 콩을 따뜻한 곳에서 2~3일 재운 뒤 소금, 마늘, 고춧가루 등을 넣고 찧어서 작은 단지에 눌러 둔다. 거의 찌개를 해서 먹는다.

◀ 청국장 띄우기

충청도 겨울철에 콩을 삶아 대바구니에 담고 위를 덮어 3~4일 더운 곳에서 띄운다. 절구에 넣고 찧어 소금 간해서 삭힌다. 늦가을부터 초봄까지 만드는데, 유난히 이 지방에서 즐겨 먹는다. 오래 두고 먹는 장은 아니다. 된장찌개처럼 두부, 김치, 고기 등을 넣어 끓여 먹는다.

경상도 해안 지역에서는 별로 만들어 먹지 않고 상주에서 많이 만든다. 일명 담북장이라 하는데, 콩을 삶아 따뜻한 곳에서 띄우며 절구에 소금과 마늘을 넣고 찧는다.

전라도 익산과 남원 지방에서 많이 담근다. 콩을 삶아 실이 나게 띄워 소금, 고춧가루, 마늘을 함께 섞어 절구에 넣고 찧는다. 부안 지방은 동지 전에 햇콩을 띄워서 먹는다. 먹을 때는 고기, 무, 두부 등을 넣고 되직하게 찌개로 지진다.

강원도 콩을 푹 삶아서 시루에 짚을 깔고 베보자기를 편 뒤 콩을 쏟아 가운데를 비우고 담는다. 콩이 썩지 않고 잘 뜨게 하기 위해서이다. 시루 위에 김이 잘 통하는 보자기를 덮은 채로 3일쯤 따뜻한 곳에 두어 띄운다. 실이 나고 다 떴으면 그대로 찧어 소금 간한다.

평안도 더풀장이라고 부른다. 메주콩을 삶아 절구에 넣고 대강 찧어서 더운 곳에 둔다. 3~4일이 지나 장이 뜨면 소금으로 간한다. 먹을 때는 쇠고기와 풋고추, 다홍고추 등을 넣어 맵게 찌개를 끓인다.

막 장

간장을 뜨고 남은 된장과는 달리 막장은 메주를 가루로 빻아 소금물로 질척하게 말아서 바로 먹을 수 있게 담근 된장이다. 막 담가 먹는다고 해서 막장이라고 부른다. 서울을 비롯한 이북 지방에서는 잘 만들어 먹지 않고 강원도와 경상도에서 많이 담가 먹는다.

막장에 쓰는 메주는 일반적으로 장 담글 때 쓰는 보통 메주를 쓰기도 하고, 메주콩에 곡식가루를 섞어서 막장 전용 메주를 조그맣게 만들어 띄워서 쓰기도 한다. 지역에 따라 메줏가루를 버무릴 때 찹쌀, 멥쌀, 보리, 밀가루 등을 섞기도 한다. 막장은 담근 지 열흘 정도 지나면 먹을 수 있는데 그렇게 하기 위해 미리 간을 약하게 한다. 막장은 단맛이 많은데 보통 1년간 저장하면서 그대로 쪄 먹거나 쌈장 등으로 먹기도 하고, 국이나 찌개에 넣어 끓이기도 한다.

충청도　메줏가루를 끓인 소금물로 말아 따뜻한 곳에 두어 삭히고, 보리밥을 지어서 고춧가루를 섞어서 한데 버무려서 소금으로 간하여 담근다. 때로는 고추씨 뺀 것을 넣기도 한다.

경상도　경상도에서는 막장 메주를 따로 쑨다. 메주콩 3말에 멥쌀 1말 비율로 잡는다. 콩은 무르게 삶고, 멥쌀을 가루로 빻아 흰무리떡을 만든다. 삶은 콩과 떡을 절구에 함께 넣고 찧어서 잘 섞은 후 주먹만 한 크기로 둥글게 빚어서 말린다. 메주 속에 노랗게 곰팡이가 피도록 잘 띄운다. 때로는 보릿가루를 섞어서 빚기도 한다.

◀ 막장

막장 메주를 가루로 만들어서 소금물로 버무린다. 막장은 보통 된장보다 간을 약하게 하는데 소금물은 물 1동이에 소금 소두 4되를 푼다.

전라도   임실, 부안, 익산 지방에서는 메줏덩이를 곱게 빻아서 삼삼한 소금물로 말아 날로 먹거나 쪄서 먹는다. 찌엄장이라고도 한다.

강원도   막장은 주로 국을 끓이는데 사용한다. 고추가 귀했던 지방에서는 고추장 대신 막장을 고추장 대용으로 쓰기도 했다. 담그는 법은 고추장 담그는 법과 비슷하지만 지역에 따라 고춧가루를 넣지 않는 곳도 있고 조금 넣는 곳도 있다.

엿기름 1되를 물에 풀고 보리쌀 4되를 맷돌에 갈아서 넣어 삭힌 후 메줏가루를 섞어 소금간을 하고 고춧가루를 조금 넣는다. 막장에 넣는 곡식으로는 찹쌀은 비싸기 때문에 잘 쓰지 않았고 대신 보리쌀이나 밀가루를 넣으며 간은 보통 된장보다 약하게 한다.

담북장

입춘 전에 잠깐 맛보는 계절장의 하나로, 담수장淡水醬이라고도 한다. 주먹만하게 빚은 메줏덩이를 곱게 빻아서 고춧가루를 알맞게 섞어 더운 물에 풀어 담근다.

서울, 경기도   메주는 곱게 빻아 고운체에 받쳐서 곱게 빻은 고춧가루와 합하여 물로 풀어서 하룻밤 재운 후 간장을 조금 넣고 소금으로 간을 맞춘다. 따뜻한 곳에 두고 3~4일이 지나면 맛볼 수 있다. 대개 초봄에 봄채소를 넣고 끓여 먹는다.

충청도 주로 늦가을에 담가 겨울에 먹는 계절장이다. 콩을 쑤어 더운 곳에서 띄워 고춧가루, 소금을 넣고 잘 찧는다. 이것을 항아리에 담아 익히는데 두부의 순물을 넣고 알맞게 푼다.

경상도 메주를 굵게 빻아 소금물에 담가 2~3일간 익힌 것으로, 경상도에서는 듬북장이라고 한다. 장물과 메줏덩이를 함께 쪄서 먹기도 하고 풋고추 등을 섞어 밥 위에 얹어 쪄 먹기도 한다.

황해도 봄에 메주를 곱게 빻아서 죽처럼 쑨 보리밥에 소금을 넣고 버무려 띄운 후 고춧가루를 조금 넣는다. 여름에 쌈장으로 먹고 김치나 두부를 넣고 끓여 먹기도 한다.

▲ 담북장

기타 된장

충청도의 빠개장, 지레장 음력 정월이나 2월에 먹는 된장이다. 메주를 조그맣고 동글납작하게 빚어서 해가 잘 드는 방이나 마루에 매달아 말린다. 메줏가루에 콩 삶은 물, 고춧가루, 소금을 섞어서 담근다. 메주가 뜨는 대로 동짓달이나 섣달에 만든다.

메주 뜬 것을 씻어 말려서 대강 빻아 놓는다. 먼저 마른 고추를 빻다가 메주 빻아 놓은 것을 한데 넣고 곱게 빻는다. 메줏가루에 물을 부어 하루나 이틀쯤 충분히 불린 후에 소금으로 간을 맞추어 부엌에 두어 익으면 쓴다. 되직하게 찌거나 우거지나 두부를 넣어 된장찌개를 끓여 먹는다. 정월 보름에 오곡밥과 같이 먹으면 매우 맛이 좋다.

지레장은 미리 담가 먹는다고 하여 붙여진 이름으로 지름장이라고도 한다. 메주를 빻아 무짠지 국물을 넣고 버무려 항아리에 담아 따뜻한 곳에서 익힌다. 겨울철에 김칫국이나 동치미가 남았을 때 메줏가루를 넣어 버무려 단지에 담아 익히는데 맛이 좋다. 김칫국이 없으면 끓여서 식힌 소금물로 담는다. 끓여서 먹기보다는 뚝배기에 담아 밥솥에 넣어서 찌면 맛이 좋다.

경상도의 빰장 메주를 가루로 빻아 만든 속성 된장으로 빰장이라고 한다. 소금물을 끓여 식힌 후 굵게 빻은 메줏가루를 넣고 버무린다. 경상북도에서는 빰장으로 된장찌개를 끓인다.

강원도의 가루장 메줏가루와 보리쌀을 쪄서 간 것을 함께 잘 버무린 후 끓여서 식힌 소금물을 붓고 간을 맞춘다. 또 다른 방법은 보릿가루로 풀을 쑤다가 여기에 된장을 넣어 함께 잘 치대어 항아리에 담아 익힌다.

전라도의 볶음장 부안에서 많이 담그는데, 동지 이후부터 정월까지 담근다. 메주콩을 노릇하게 탄듯이 볶아서 맷돌에 갈고 이것을 푹 삶아 시루에 안쳐 띄운다. 띄운 메주콩에 콩 삶은 물을 섞고 소금, 고춧가루, 다진 마늘을 섞어 버무려 익힌다.

제주도의 보리장 보리쌀을 삶아 띄운 후 말려 가루로 빻는다. 메줏가루와 보리가루를 1:1의 비율로 섞어서 소금물로 알맞게 버무린다. 한 달 정도만 지나도 잘 익어서 맛이 들게 된다. 보리장은 특히 여름에 콩잎쌈이나 상추쌈을 먹을 때 꼭 있어야 하는 긴요한 된장이다. 간장을 담그고 남은 메주콩 된장은 맛이 이만 못하다. 된장을 담글 때는 보리쌀을 씻어 3일간 띄워서 말려 가루를 낸다. 이것을 시루떡처럼 쪄서 메줏가루와 섞어 끓인 소금물로 간을 맞춘다. 3월에 메줏가루로 된장을 담글 때는 물을 미리 품어서 하룻밤 두었다가 다음날 소금물로 풀어 담근다.

4. 고추장 담그기

고추장은 고추장에 섞는 전분질의 성격에 따라 멥쌀고추장, 찹쌀고추장, 보리고추장 등으로 그 명칭이 달라진다. 고추장은 고추장용 메주에 전분질을 섞고 엿기름, 고춧가루, 소금 등을 간하여 버무린다.

대체로 고추장용 메주는 콩으로만 하지 않고 처음부터 전분질을 섞어 따로 만든다. 고춧가루도 고추장용으로 곱게 빻아 두었다가 곡물과 엿기름, 소금과 함께 버무려 고추장을 담근다. 막 버무린 고추장은 검붉은색이 나며 되직하고, 맛은 다소 짜고 매우며 쌉쌀한 것이 제대로 된 것이다. 6개월 정도 숙성시키면 고추의 매운 맛과 메주의 구수한 맛, 찹쌀 전분의 단맛과 소금의 짠맛이 잘 어울려서 감칠맛을 내게 된다.

오래 전부터 전라도 순창은 고추장의 명산지로 이름이 나 있고 이러한 유명세 때문에 요즘 식품회사의 고추장도 순창의 지명을 상품명으로 쓰고 있다. 《승정원일기》에 보면 영조는 1794년 7월 24일 처음 고추장을 언급했다. 식성이 어릴 때와 달라져 고추장 없는 밥을 못 먹는 지경이 되었다며 내의원에서 연일 고추장을 올렸다고 한다. 영조는 궁중에서 만든 것보다 궁 밖에서 만든 것, 특히 조종부趙宗溥 집에서 담근 고추장을 좋아했다고 한다. 영조가 좋아한 고추장은 '순창'의 고추장이 아니라 '순창 조씨'의 고추장이라는 것이다.

18세기 초 숙종의 어의御醫 이시필李時弼이 쓴 것으로 고증된 《소문사설謏聞事說》에 '순창 고추장 만드는 법淳昌苦椒醬造法'이 있다. 이 고추장법은 지금 고추장을 만드는 일반적인 제조법과는 다소 차이가 있다. 메주를 만들어 쓰지 않고 콩, 쌀가루, 고춧가루, 엿기름, 찹쌀가루를 진하게 쑤어 식힌 후 전복, 대하, 홍합 등 어패류를 넣어 삭혀 먹는 음식으로 소개되어 있다. 순창 고추장은 빙허각 이씨가 쓴 《규합총서》에도 소개되었다.

서울의 보리고추장 쌀보리를 곱게 빻아 물을 축여 시루에 찐다. 찐 것을 헤쳐서 소쿠리에 담아 열흘 정도 띄운다. 열흘이 지나 노랗게 뜨면 고춧가루와 메줏가루를 넣고 버무린다. 보리쌀 1말에 메줏가루 소두 2되가 드는데 찹쌀고추장보다는 색이 검다. 대개 3~4월에 담그며 날이 더우면 파리가 꼬이므로 서둘러 담근다.

충청도

○ **고추장** 봄 고추장은 무장을 담고 난 후에 담근다. 고추장용 메주는 메주콩과 멥쌀을 버무려 백설기를 찌듯 쪄서 작게 빚어 노랗게 띄운다. 고추장을 담글 때는 우선 찹쌀을 물에 담가 두었다가 가루로 빻아 따뜻하게 데운 엿기름물과 섞어 말갛게 삭을 때까지 둔다. 이를 푹 달인 후에 자루에 넣고 꼭 짠다. 곱게 빻은 메줏가루와 고춧가루를 삭은 엿기름물에 넣어 되직하게 버무리고 나중에 소금으로 간한다.

　가을 고추장은 백중이 지난 후에 담근다. 메주는 집장메주와 같은 분량으로 하고, 잘 띄워 말려서 집장메주거리보다 곱게 빻는다. 엿기름가루를 물에 걸러서 그 물에 곱게 빻은 멥쌀가루를 넣어 잠시 두었다가 솥에 넣고 그대로 두어 삭은 후에 불을 약하게 땐다. 따뜻한 상태에서 잠시 두었다가 찹쌀이 삭아서 주걱으로 홀홀 잘 저어지면 불을 끈다. 이때 계속 끓이면 빛은 검어지고 멀건 물이 되는데 끓인 물이 1/3 정도 졸았을 때 퍼낸다. 여기에 메줏가루를 섞고 저은 다음 뜨거운 김이 나가면 고춧가루를 넣는다.

멥쌀 소두 1말이면 메줏가루는 5되 정도 잡으면 되고, 아침에 담갔으면 저 녁때쯤 서서히 간을 맞춘다.

- **보리고추장** 쉽게 담그려면 찐 보리밥에 메줏가루와 고춧가루를 넣어 담 근다. 그러나 제대로 보리고추장을 담그려면 보리쌀을 가루로 빻아 물을 조금 넣고 시루에 찐다. 충분히 쪄졌으면 쏟아서 미리 끓여서 식힌 물을 부어 되직하게 하여 다시 시루에 담고 더운 방에서 따뜻하게 덮어 띄운다. 보리가 하얗게 뜨면 큰 그릇에 쏟아 고춧가루와 메줏가루, 소금을 넣고 싹 싹 비비면서 섞는다. 보리가 2말이면 고추를 10근 정도 잡으며 엿기름은 쓰지 않는다.

  서해안의 외딴 도서 지역은 보리 농사만 짓기 때문에 고추장에 메줏가루 를 섞지 않고 보리를 띄워서 보리고추장을 담근다.

경상도

- **마천 고추장** 마천 지방은 화전민이 많은 곳으로 밀, 밀가루, 찹쌀로 고추 장을 담그는데 특이한 것은 고구마로도 고추장을 담근다. 삶은 고구마에 엿기름을 넣고 삭힌 후 베보자기에 넣고 짠다. 이 물을 엿을 달이듯이 졸 여서 식힌 후 고춧가루, 메줏가루를 넣고 소금으로 간을 맞춘다.

- **진주 엿고추장** 봄철 감꽃이 필 무렵 담근다. 밀 1말을 약 열흘간 물을 갈 아 부으면서 싹이 뾰족하게 나올 때까지 담가 둔다. 이것을 새암이라 한다. 밀순이 밀기장의 2배로 자라면 적당하다. 순이 난 밀과 콩 2되를 불려 함 께 쪄서 낱낱이 펴서 볕에 말린다. 완전히 마르면 메줏가루처럼 곱게 빻는 다. 물엿에 흑설탕을 넣고 한소끔 끓여 차게 식힌 후 메줏가루를 넣고 버 무린다. 소금으로 간하여 삭을 때까지 2~3일간 그대로 두었다가 간을 맞 춘 다음 항아리에 담는다.

- **싸메주 꼬장** 늦더위가 가신 처서 무렵에 담그는 고추장으로, 윤기가 자르르 흐르며 맛이 꿀 같다. 콩으로 메주를 쑤어서 까맣게 띄워야 하므로 열흘 동안 메줏덩이를 자주 손질하여 정성을 들이는데, 이를 싸메주라 한다. 35일간 가마니에 담았다가 꺼내어 낮에는 볕을 쬐고 밤에는 이슬을 맞힌 후 가루로 빻는다. 소금물을 끓여서 식힌 후 세 가지 재료를 넣어 버무리고 항아리에 담아 2주일 이상 삭힌다.

전라도

- **익산 찹쌀고추장** 메주콩을 불려 쌀가루와 함께 고추장 메주를 만든다. 메주콩과 쌀가루를 한 켜씩 번갈아 시루에 안쳐 푹 찐 다음 다시 시루 밑에 솔잎을 깔고 푹 덮어 띄운다. 다 뜬 콩을 한 알씩 떼어서 멍석에 널어 말린다. 완전히 말랐으면 씻어서 말려 곱게 가루로 빻는다.
- **단자 찹쌀고추장** 찹쌀가루를 단자처럼 빚어서 끓는 물에 삶아 건져서 방망이로 멍울 없이 풀어서 고추장용 메줏가루와 고춧가루를 섞고 참기름과 간장, 소금으로 간한다. 보통 찹쌀고추장은 찹쌀로 밥을 지어 메줏가루와 고춧가루를 섞고 소금으로 삼삼하게 간하여 삭으면 간장과 소금으로 간을 맞춘다. 참기름과 설탕도 넣는다.
- **보리고추장** 보리를 둘둘 갈아 쪄서 띄우고 소금, 고춧가루로 버무린다.
- **무주 고추장** 찹쌀 1말을 불려 씻어 건져서 고두밥을 찐다. 찹쌀 1말에 고춧가루 2되, 메줏가루 3되, 소금과 간장은 맛을 보면서 섞는다. 달게 하려면 엿기름으로 식혜를 만들어 차게 식힌 것을 붓는다.
- **고창 고추장** 진상품에 들어갈 정도로 유명하다. 메주콩 1.5말을 푹 삶고 밀가루 1말을 볶아 섞어 절구에 넣고 찧는다. 동그랗게 모양을 만들어 겉만 알맞게 마르면 가마니에 넣어 띄워서 가루로 빻는다. 찹쌀을 물에 이틀

간 담가 건져 시루에 찐 다음 절구에 넣고 인절미 치듯이 떡을 만들어 메 줏가루와 고춧가루를 섞는다. 끓는 물 5동이를 조금씩 부어가며 풀어 주 고 단지에 담아 하루가 지나면 소금 1말 정도로 간을 맞춘다.

○ **순창 고추장** 대부분 가을에 메주를 만들어 봄에 고추장을 담그지만 이곳 은 더위가 한창인 7월에 백중을 전후해서 고추장 메주를 만들고 9월 중순 부터 10월 초순 무렵에 고추장을 담근다.

고추장 메주는 멥쌀 1말에 메주콩 8되의 비율로 한다. 먼저 쌀을 불려서 절구에 빻아 가루로 만들고 콩은 2일간 물에 담근다. 시루에 콩과 쌀가루 를 층층이 안쳐 쪄 낸다. 쪄 낸 것을 절구에 넣고 한데 뭉쳐질 때까지 찧는 다. 메주는 큰 주먹만 하게 둥글납작하게 빚는데, 도넛처럼 가운데에 구멍 을 내어 빚는다. 메주는 한 달 정도 바람이 잘 통하는 그늘에서 매달아 띄 운다. 열흘 쯤 지나면 메주에 노랗게 곰팡이가 피었다가 20일쯤 되면 자연 히 슬어 본색으로 돌아온다. 잘 뜬 것은 겉에 노란 곰팡이가 생기고 갈라 보면 속이 노르스름하거나 하얗다. 메주를 물로 한 번 씻어 조약돌만 하게 쪼개어 며칠 동안 밤이슬을 맞히면서 바싹 말려서 냄새를 없앤 다음 곱게 가루로 빻는다.

순창 고추장은 1980년대 초부터 서울 등 도시에서 좋은 평을 얻어 소비 가 급증하더니 순창읍 순화리 일대에 고추장과 장아찌를 전문으로 파는 가게 2, 30곳이 나란히 붙어서 고추장 골목을 형성하였다. 현재는 순창에 사는 할머니들이 전통고추장보존협의회를 구성하여 공동으로 제품을 생 산, 판매하는 등 고추장의 품질보존에 힘쓰고 있다. 이 협회에서 만들어 내는 고추장 재료의 비율은 참쌀 40%, 고춧가루 20%, 물 14%, 메줏가루 12%, 간장 10%, 소금 4%가 기준으로 되어 있다.

○ **해남 고추장** 고추장 메주는 메주콩을 불려 삶아서 거의 불었을 때 불린 찹쌀을 콩 위에 얹어 찐다. 때로는 멥쌀을 가루로 빻아서 얹기도 한다. 다 져지면 찧어서 주먹만 하게 만들어 달걀 꾸러미처럼 짚으로 엮어서 시렁에 매달아 띄운다. 섣달에 밀을 삶아 시루에 담아서 아랫목에서 띄워 멧방석에 널어 말려 빻아 가루로 만든다. 고추장은 정월 초에 담그는데 소금물은 미리 끓여서 식혀 메줏가루와 띄운 밀가루, 고춧가루와 합하여 조금씩 부으면서 한데 잘 버무린다. 찹쌀고추장은 찹쌀을 불려서 지에밥을 지어 식은 후에 메줏가루를 섞어서 삭힌 후에 소금으로 간한다.

○ **남원 엿고추장** 엿기름 1되를 물에 빨아서 내린 엿기름물에 내린다. 쌀 1 말에 불려서 쪄서 엿기름물을 풀어서 삭으면 불에 올려서 엿을 달인다. 식은 후 고춧가루와 메줏가루를 넣어 버무리고 간을 맞춘다.

강원도 고추장용 메주로 간장 메주나 된장 메주 같은 것을 쓴다. 곡식은 찹쌀, 멥쌀, 차조, 보리, 밀가루 등을 형편에 따라 쓴다. 찹쌀은 경단이나 풀을 쑤어서 만들고, 멥쌀은 흰무리떡을 쪄서 쓰며, 차조나 쌀, 보리쌀은 밥을 지어 쓴다. 밀가루를 쓰기도 한다.

고추 산출이 적은 영동 지방은 고추장에 고춧가루를 많이 넣지 못하여 빨갛지 않다. 예전에 영서 지방의 산간 마을에서는 고추장을 별로 담가 먹지 않았지만 최근에는 찹쌀고추장과 밀가루고추장을 많이 담근다. 찹쌀고추장은 찹쌀 1말에 메줏가루 5되, 고춧가루 6근의 비율로 섞는다. 밀가루고추장은 밀가루 4말에 엿기름 1말을 넣고 삭혀서 여기에 메줏가루 1말, 고춧가루 20근 정도를 섞는다. 먼저 밀가루로 풀을 쑤어 엿기름으로 삭힌 다음 끓여서 조청 달이듯이 졸여서 식힌 후에 메줏가루와 고춧가루를 넣고 소금으로 간을 맞춘다.

제주도 밀가루로 죽을 쑤어 골가루^{엿기름가루}를 섞어 삭힌다. 삭힌 것을 엿 고 듯이 달여 엿물을 만든다. 찹쌀로 만든 떡에 메줏가루와 고춧가루를 넣고 엿 물을 부으면서 섞는다. 맛이 달고 윤이 흐르는 고추장이 된다.

평안도 찹쌀고추장은 찹쌀을 불려 가루를 내어 엿기름물에 푼다. 이것을 삭 혀서 끓이고 어느 정도 식힌 후 메줏가루와 고춧가루를 섞는다. 메줏가루와 고춧가루를 먼저 섞고 난 후 찹쌀가루 끓인 것에 넣으면 잘 풀린다.

 분량은 찹쌀 1말에 메줏가루 5되 잡고, 고춧가루는 메줏가루보다 넉넉히 잡 는다. 간은 굵은 소금을 전날부터 물에 풀어 두었다가 사용하면 고추장이 넘 지 않는다. 보리고추장을 담글 때는 깨끗이 씻은 보리쌀을 눌러 쪄서 며칠 띄 우고, 엿기름가루와 고춧가루, 메줏가루를 섞어서 담는다. 평양에서는 된장보 다 고추장을 즐겨 담그는데, 고추장을 주로 사기항아리^{꽃항아리}에 담는다.

황해도 찹쌀을 곱게 빻아 경단처럼 만들었다가 풀어서 메줏가루, 엿기름가 루, 고춧가루, 소금을 넣어서 익힌다. 또는 엿기름을 빻아 걸러 밭친 물로 풀 을 쑤어서 삭은 듯하면 말갛게 되도록 달이고 김이 나간 후 찹쌀가루와 메줏 가루, 고춧가루를 넣어 담그기도 한다.

5. 별미장 만들기

우리의 조상들에게는 간장, 된장, 고추장 이 세 가지 기본장 외에도 장이 아 주 많다. 장을 담글 때 아예 채소나 어육을 듬뿍 넣은 집장이나 무장은 별미 찬으로 삼았다. 장은 단순히 음식에 간을 맞추기 위한 것이라기보다는 음식 의 맛을 돋우어 주는 천연 조미료의 역할을 한다.

사치스럽지만 쇠고기와 생선을 넣고 담근 어육장은 유난한 별미이고, 회나 겨자채의 맛을 내는 겨자장 등의 특수한 장도 있다. 콩이 흔치 않은 곳에서는 합자나 멸치 등을 달여서 콩간장 대신 어장으로 쓰는데, 동물성 단백질이 원료인지라 오히려 맛이 훌륭했다. 이와 같은 별미장은 각 지역의 기후, 산물, 식성에 따라 만드는 법과 그 맛이 다르게 전해 내려왔으나 지역 간 차이가 없어지고 재료의 수급이 자유로워진 요즘에 와서는 그 맛을 찾아보기 어렵게 되고 말았다.

집 장

충청도　예산의 집장은 음력 7월 15~20일쯤, 즉 백중이 지난 후 담근다.

먼저 집장 메주는 콩 3되와 보리쌀 5되의 비율로 쑤는데, 콩은 무르게 삶고 보리쌀을 시루에 찐다. 먼저 삶은 콩을 절구에 넣어 찧다가 나중에 보리쌀을 넣어 함께 찧는다. 주먹만 한 크기로 메주를 만들어 사이에 짚을 깔고 반쯤 그늘진 곳에서 띄운다.

▶ 집장

집장을 만들 때는 찹쌀 5되를 밥을 지어 곱게 빻은 메줏가루를 섞는데 이 때 간장으로 간한다. 밥이 진 경우는 소금으로 간한다. 오이, 가지, 고추, 양지머리, 대하 등 미리 준비한 건더기를 함께 넣는다. 오이는 하룻밤 짜게 절여 물에 우려서 간을 빼고, 가지와 고추는 크지 않고 맵지 않은 것으로 선택하여 하룻밤 절여 헹군다. 양지머리는 삶아 수육으로 쓰고, 대하는 말린 것을 사용한다. 이 재료를 항아리에 켜켜로 넣은 다음 뚜껑을 덮지 않는다. 대신 감잎을 두껍게 놓는데 감잎은 열에 녹지 않기 때문이다. 이 항아리를 물에 2/3쯤 잠기게 한 후 사흘 동안 일정한 온도를 유지하도록 한다. 감잎을 벗기고 섞은 후 3~4일 후에 먹을 수 있다. 예전에는 온도 유지를 위해 퇴비를 쌓아 둔 두엄 더미에 묻어서 삭히기도 했다.

경상도

○ **진양 집장** 메주는 먼저 불린 콩을 솥에서 삶다가 도중에 맷돌에 간 밀을 위에 얹어 같이 푹 찐다. 이것을 주먹덩이만큼씩 뭉쳐서 2~3일 동안 띄워 말린다.

  메주는 빻아 곱게 가루로 만들고, 찹쌀 풀을 엿기름물에 삭힌 것, 그리고 절인 채소들을 섞는다. 채소는 가지, 우엉, 무, 오이, 박 등을 소금에 절였다가 꼭 짜서 한데 버무린다. 항아리에 담은 집장 위에는 호박잎을 덮어 봉하고, 항아리 거죽에 황토를 개서 두껍게 바른다. 볏짚이나 왕겨를 때고 불씨가 남은 따뜻한 잿더미 가운데 항아리를 묻어 두면 그 속에서 집장이 익는다.

○ **밀양 집장** 메주는 흰콩 1말을 삶는 도중에 쌀가루나 밀가루 2되를 훌훌 부려서 주걱으로 뒤적뒤적하여 솥뚜껑을 다시 덮고 뜸을 잘 들인다. 이것을 절구에 쳐서 계란만 하게 만들어 겉물이 마르면 짚으로 만든 봉지나 가

마니에 담아서 띄운다. 이 메주를 메주담이라고 한다. 볏짚에는 여러 가지 미생물이 많이 붙어 있어 빨리 뜬다. 보름쯤 지나 옷을 하얗게 입으면 꺼내고 잘게 쪼개어 볕에 말려서 가루로 만든다. 이 가루를 해 두고 초가을부터 김장 때까지 수시로 담근다.

음력 7, 8월에는 부집장이라고 하여 메주를 잿더미에서 띄우고 추우면 방에서 띄운다. 풋고추, 가지, 무를 소금에 절이고 다시마는 작게 썰어 메줏가루에 섞는다. 소금물을 타고 고춧가루를 풀어 발그레한 색이 들면 다진 마늘과 메줏가루를 넣어 고추장처럼 버무리고 삭히면서 차차 소금을 넣는다. 버무린 장을 항아리에 담고 꼭 맞는 뚜껑을 덮어 진흙을 개어서 거죽에 발라 짚불 속에 묻어서 띄운다. 한 1주일 지나면 먹을 수 있다.

○ **등겨장** 일명 시금장이라고 부른다. 보리를 찧을 때 나오는 속겨를 익반죽하여 시루에 김을 올려 찐다. 이것을 뭉쳐 불에 구워 매달아 띄운다. 잘 마른 다음 빻아 가루로 만들고 보리밥을 섞어 치대어 소금으로 간한다. 금방 먹을 것이면 소죽솥에서 하루 동안 익히는데, 이때 풋고추 다진 것도 섞는다.

▶ 등겨장 메주 – 재장

오래 두고 먹을 것에는 가을에 보리쌀 풀이나 찹쌀 풀을 섞고 무를 넣어 익힌다.

전라도

- 전주 집장 고추, 가지, 고춧잎, 무를 듬성듬성 썰어서 3~4일 진간장에 절인다. 메주는 빻아 가루로 만들고 엿기름은 곱게 가루를 만들어 준비한다. 찹쌀밥을 거의 죽에 가깝게 질게 지어서 메줏가루를 넣어 흰 밥알이 보이지 않을 만큼 잘 섞어 버무린다. 여기에 엿기름가루를 적당히 섞는데, 엿기름은 단맛을 내면서 찹쌀밥과 메주를 잘 삭게 하는 역할을 한다. 절인 채소와 다진 마늘, 고춧가루 등을 넣고 진간장으로 간한다. 옹기단지에 버무린 집장을 담아서 따뜻한 방 아랫목에 덮어 묻어 두면 하루 만에 익어서 먹을 수 있다. 독에 담을 때 너무 가득 담으면 삭는 동안 끓어 올라 넘칠 수 있으므로 2/3 정도만 담는다.
- 나주 집장 가을부터 담가 먹는데 김장 때 담근 것은 겨우내 두고 먹는다. 누룩은 노랗게 뜬 것이 좋고 까만 것은 좋지 않다. 누룩을 보통보다 곱게 빻아서 체에 친 것을 제면가루라 한다. 찹쌀을 불려 쪄서 따뜻할 때에 제면가루를 섞어 하룻밤을 재우면 삭는다. 고춧잎은 소금을 뿌려 절이고 가지는 쪼개어 소금물에 우린다. 오이는 절여서 넣어도 되지만 쉬이 무르고 호박잎도 물러 버리므로 넣지 않는다. 찹쌀 삭은 데에 고춧가루, 소금, 간장을 넣고, 절인 고춧잎과 가지를 함께 섞어 항아리에 담아 밀봉한다. 띄울 때는 항아리를 퇴비풀 속에 3일간 묻어서 띄운다.

  또 다른 방법은 불을 뺀 등걸을 받아서 왕겨를 넣어 서서히 피우면서 항아리를 이 속에 묻어서 띄운다. 저녁에 넣으면 아침이면 먹을 수 있다. 띄우지 않고 먹는 것은 생집장이라고 하는데, 오래 두고 먹을 수 없다. 다 되면 색이 검어 검정장이라고도 한다.

무장, 찌엄장

서울의 무장 10월에 장메주 쑬 때 따로 작은 덩이의 메주를 만들어서 먼저 띄운다. 메주가 다 뜨면 바싹 말려서 잘게 조각을 내고 항아리에 물을 부어 2~3일 불린다. 소금을 약하게 해서 부뚜막에 덮어 두면 3~4일 후에 먹을 수 있다. 먹을 때는 그대로 먹지 않고 잘 익은 동치미나 총각김치에 쇠고기 편육, 돼지고기 등을 넣고 찌개로 끓여 먹는다.

처음부터 소금물을 붓지 않고 동치미 국물로 무장을 담는 경우도 있다. 찌개 전용의 장이라고 볼 수 있는데, 끓이지 않고 밥솥에 넣어 뚝배기째 찌기도 한다.

전라도 부안의 찌엄장 고추잎이나 김치 무를 넣고 짠지국으로 메줏가루를 버무려 담는다.

그 밖의 별미장

충청도의 비지장 콩비지를 대강 볶아서 무명 쌀자루에 담아 띄운다. 띄운 지 하루 반이 지나면 비지 2되에 소금 2종지 꼴로 섞어 항아리에 담아 삭힌다. 가정에서 두부를 만들 때 비지가 남을 경우 주로 담는다. 뚝배기에 비지장과 배추김치를 한데 넣고 끓여 먹는다.

경상도의 합자장 생합자ᵎ^{흥합}를 소금물에 삶아서 조개는 건져서 말리면 마른 홍합이 되고 남은 국물을 진하게 졸이면 간장처럼 달고 까맣게 된다. 이것이 간장과 같아 합자장이라 부른다. 이 장은 모든 음식을 조미할 때 쓰는데 특히 동물성 단백질이어서 맛이 콩장맛하고는 차별이 된다.

경상도, 전라도의 멸간장 경상도와 전라도 남해의 섬에서는 밭농사가 어려워 콩이 없으니 자연 멸장을 만들어 먹게 되었다.

멸젓은 7월에 담는 것은 10월 김장에 쓰고, 멸장으로 7월에 담가서 9월에 달인다. 8월에 담근 것은 10월에 달인다. 멸치 1동이[물]에 소금을 3되씩 넣어 절인다. 소금이 적거나 잡물이 들어가면 멸치가 무르고 젓갈에서 나쁜 냄새가 난다. 멸젓 항아리에 괸 맑은 젓국을 떠서 병에 담아 놓고 겉절이나 나물을 무치는 데 쓰고, 나머지 젓갈은 모두 솥에 붓고 물, 소금을 더 보태어서 오래 달인다. 이를 시루에 베보자기를 깔고 서서히 내리면 멸장이 된다. 멸치 10상자로 젓을 담으면 생젓국이 2동이, 멸간장이 3, 4동이가 나온다. 멸장으로 나물도 무치고 국에 간도 한다. 동물성단백질이 주가 된 장이어서 콩메주로 담근 장 이상으로 맛이 있다.

▼ 깻묵장

전라도 나주의 깻묵장 정월 설 전에 김칫국물로 되게 담그며, 익으면 기름을 치지 않고 그대로 먹는다. 담글 때 참깻묵을 조금 넣었다가 꺼내므로 깻묵장이라고 하고, 날로 먹는다고 하여 날장이라고도 한다.

메주콩을 고소하게 볶아 도래방석에 담고, 돌로 문질러 껍질을 벗기면 콩이 반씩 갈라진다. 콩에 물을 많이 부어 너무 무르지 않게 삶는다. 삶은 콩을 소쿠리에 쏟아서 물을 쭉 빼고 시루에 안쳐 따뜻한 방에 이불을 덮어 2, 3일쯤 띄운다. 뜬 콩에 콩 삶은 물, 생강, 마늘, 고추, 풋고추, 무, 참기름을 넣어서 훌훌할 정도 버무려서 항아리에 담는다. 이때 참깻묵을 조금 섞는다.

장에 따른 영양성분

간장 | 된장 | 고추장 | 청국장

장이 인체에 미치는 영향

아미노산의 보고 | 체내의 유해물질 제거 | 콜레스테롤의 저하 | 암을 이기는 장
고혈압에 효과적인 된장 | 유익균을 증가시키는 청국장 | 천연 혈전용해제, 청국장

장의 성분과 효과

3장

장에 따른 영양성분

1. 간장

간장의 종류

간장은 만드는 방법에 따라 크게 양조간장과 화학간장으로 구분할 수 있다. 양조간장과 화학간장의 기본적인 차이는 메주의 사용 여부이다.

가정에서 메주를 사용해 담그는 양조간장은 메주를 자연적으로 발효시키는 재래식 간장과 누룩곰팡이로 발효시킨 개량메주를 사용하는 개량간장으로 나눌 수 있다. 재래간장은 콩만 원료로 해서 메주를 띄우고 주로 세균인 바실러스 서브틸러스*Bacillus subtilis*에 의존해서 발효된다. 반면 개량간장은 콩과 전분질을 혼합해 사용하며 아스퍼질러스 오리제*Aspergillus oryzae*를 이용해서 만든다. 누룩곰팡이를 순수하게 배양해 만든 종국인 아스퍼질러스 오리제를 볶은 밀과 삶은 콩에 섞어 3~4일 띄운 개량메주^{콩고지라 할 수 있음}를 소금물에 담가 발효시킨 것이다. 이들 재래간장과 개량간장은 작용하는 미생물이 다르긴 하지만 다 같이 발효법에 의한 것이므로 간장이 만들어지기까지 시간이 오래 걸린다는 단점이 있다. 시판되는 양조간장은 거의 대부분이 콩과 전분을 섞어서 만든 개량간장이다.

화학간장은 산분해 간장이라고도 하는데, 콩단백질을 염산^{HCl}으로 분해시켜 아미노산액을 만들고 여기에 소금으로 간을 맞추며 색과 맛과 향기를 돋우기 위해 감미료와 캐러멜 색소를 넣어 만든다. 화학간장은 재래식 간장과는 달리 콩 대신 값싼 단백질 원료인 탈지 콩가루, 밀, 생선가루 등을 사용한다. 공장에서 만드는 양조간장에 비해 제조시간이 2~3일 정도로 짧고 시설과 자본이 적게 든다. 값이 싸다는 장점이 있지만 맛이나 향기는 기존의 발효간장에 비해 떨어진다. 화학간장에 부족하기 쉬운 맛과 향을 양조간장을 넣어 보완한 것이 혼합간장이다. 시판되는 대부분의 간장은 혼합간장이다.

간장의 미생물

장을 담근 후 오랜 발효기간을 거치는 동안 원료 중의 단백질과 전분질은 메주에 미생물이 생육하면서 분비한 효소들에 의하여 가수분해된다. 생성된 저분자물질은 다시 자연적으로 들어간 효모와 세균에 의하여 알코올 발효와 산 발효가 일어나는 동시에 여러 가지 향미성분이 합성되는 것이다.

재래간장에 존재하는 미생물을 연구 보고한 바에 의하면 장이 숙성되는 동안에 미생물들의 종류와 균수가 변화하는 것으로 나타났다. 젖산균은 3주까지는 왕성하게 늘어나다가 숙성이 될 무렵에는 거의 없어졌다.

간장에서 분리한 미생물을 조사한 결과 호기성 세균인 바실러스 서브틸러스$^{Bacillus\ subtilis}$, 바실러스 푸미러스$^{Bacillus\ pumilus}$, 마이크로코커스 카세리티쿠스$^{Micrococcus\ caseolyticus}$, 스테필로코커스 아우레우스$^{Staphylococcus\ aureus}$ 등, 내염성 젖산균인 페디오코커스 하로필러스$^{Pediococcus\ halophilus}$, 락토바실러스 카제이*LactoBacillus casei*, 락토바실러스 플란타룸*Lac. plantarum*, 루코노스톡 메센테로이데스*Leuconostoc meseteroides* 등, 내염성 효모인 사카로마이세스 루시*Saccharomyces rouxii*, 사카로마이세스 아시디파시엔스*S. acidi faciens* 등이 검출되었다. 그 중 사카로마이세스 루시는 알코올 발효를 하고, 데바리오마이세스 니코티아나에*Debaryomyces nicotianae*는 곰팡이 냄새와 피막을 형성하는 유해한 효모이다.

간장의 영양성분

간장은 콩만을 원료로 사용하거나 또는 콩에 다른 전분질 곡물을 섞어서 메주를 만든 뒤 일정한 비율의 소금물을 부어서 담근다.

간장은 햇빛이 잘 드는 곳에 두고 매일 뚜껑을 열어 일정 기간 발효를 시키게 되는데 재래간장은 2~3개월, 개량간장은 1.5~2개월 정도 걸린다.

간장의 일반성분은 메주의 성분, 제조방법, 저장기간에 따라 차이가 있으나 당질이 4.4%, 단백질이 4.3%, 지방 0.4%이다. 간장의 염도는 16.56~25.57%를 차지하는데, 숙성기간이 증가할수록 수분증발에 의하여 식염함량이 증가한다고 보고하였다.

영양적으로 우수한 콩의 체재흡수율은 발효과정을 거치는 동안 소화되기 힘든 단백질이 분해되어 소화흡수율이 좋아진다. 실제로 수용성 질소 성분이 메주에서는 13~19%이던 것이 간장에서는 66~78%로 크게 증가하며, 유리아미노산도 4~7%에서 29~35%로 증가한다.

간장의 맛은 이 발효기간을 거치는 동안 효소들의 작용에 의해 형성되는 것으로 특히 아미노산, 유기산 및 당에 의해 결정된다. 아미노산에 의한 구수한 맛, 당분에 의한 단맛, 소금에 의한 짠맛, 그리고 여러 가지 유기성분에 의한 향기와 색깔이 조화를 이루어 간장의 맛이 형성된다.

간장에 들어가는 재료 중 탄수화물이 분해되어 생긴 당은 재래 간장에서는 갈락토오스galactose, 글루코오스glucose, 아라비노오스arabinose, 자일로오스xylose 등으로 전체의 1.6~1.7% 정도 단맛을 좌우하게 된다. 개량간장은 밀의 배합량이 많을수록 환원당이 많아져서 단맛이 나지만 발효 후기에는 알코올이나 유기산으로 변하게 된다.

재래간장에는 알라닌alanine, 아르기닌arginine, 아스파르트산aspartic acid, 류신leucine, 라이신lysine, 페닐알라닌phenylalanine, 프롤린proline, 세린serine, 트레오닌threonine, 발린valine 등의 아미노산이 들어 있는데, 이 중 재래간장의 맛에 기여하는 티라민tyramine과 히스타민histamin은 22% 식염농도에서 발효시킬 때는 증가하였으나 28.5%의 높은 식염농도에서는 히스타민만이 증가했다.

간장은 한국적인 맛을 상징하는 저장성 조미식품으로 주식인 쌀의 제한아미노산인 라이신lysine을 보완할 수 있는 대두 가공식품으로서 우리 식생활에 기여한 바가 크다.

간장의 냄새는 대부분 휘발성 유기산에서 비롯되는데 재래간장은 개량간장에 비해서 유기산이 적고 부티르산butyric acid, 酪酸과 프로피온산propionic acid이 많이 들어 있으며, 옥살산oxalic acid, 글리콜산glycolic acid, 마론산malonic acid 등이 약간 적게 들어 있으며, 락트산lactic acid과 숙신산succinic acid은 미량 함유되어 있다. 재래간장에서 나는 구린내는 바로 부티르산에서 기인한다. 개량간장에는 아세트산acetic acid, 醋酸이 지배적으로 많이 포함되어 있다.

구체적으로 간장의 고유한 냄새를 형성하는 성분은 알코올과 알데히드, 케톤, 휘발성산, 에스테르, 페놀 등이다. 이러한 성분이 서로 어울려 간장의 독특한 맛을 형성한다.

간장의 향은 주로 바실러스 서브틸러스Bacillus subtilis, 바실러스 나토Bacillus natto에 의해서 생성되는 것으로 밝혀졌고, 바실러스 리케나폴미스Bacillus licheniformis

가 간장의 맛에 기여한다. 달콤한 향은 톨루롭시스 다틸라$^{Tolulopis\ dattila}$이며 사카로마이세스 루시$^{Saccharomyces\ rouxii}$는 간장 향과는 관계가 없다.

재래간장은 개량간장에 비해 맛, 향기, 색깔에서 크게 뒤떨어진다. 그러나 영양면에서는 재래간장이 화학간장에 뒤지지 않는다. 화학간장은 단백질을 단시간에 분해하므로 필수아미노산이 파괴될 확률이 높으며, 가성소다 등으로 중화시키므로 나쁜 냄새가 날 뿐만 아니라 우리 몸에 이로운 유기산이 적고 반대로 해로운 레브린산이 상당량 들어 있다. 색과 맛을 위해 캐러멜 색소와 인공 감미료가 첨가되는데, 이것도 인체에 이로울 것이 없다.

간장이 갈색을 띠는 것은 아미노산이 분해되면서 생긴 멜라닌과 멜라노이딘 때문이다. 주로 갈변반응인 마이얄 반응에 의해 이루어지나 콩에 많이 들어 있는 티로신^{tyrosine}이 각종 국균의 티로시나제^{tyrosinase}에 의해서 산화되는 갈변도 일어난다.

2. 된장

재래된장과 개량된장

된장은 크게 재래된장과 개량된장으로 구분할 수 있다. 재래된장 중에는 간장을 얻고 난 부산물로 만든 전통적인 형태의 된장이 있고, 된장만을 목적으로 담근 청국장, 막장 등의 속성된장이 있다.

재래간장과 마찬가지로 재래된장은 콩만으로 메주를 쑤고 이것을 띄워 소금물에 담근다. 어느 정도 발효기간을 거치고 나면 간장을 걸러 내어 달이고 메줏덩이는 으깬 후 소금을 더 넣어 항아리에 담아 두는데, 이것이 된장이다. 그래서 간장과 된장 맛은 상반된다. 발효가 잘 된 메주로 장을 담그면 간장

맛은 좋지만 된장 맛은 떨어지고, 덜 숙성된 메주로 담그면 맛 성분이 된장에 남아 있어 간장보다 된장 맛이 좋다.

재래된장은 간장과 마찬가지로 그 해 메주의 발효 상태에 의해 좌우된다. 재래식 메주를 띄울 때 자연 번식하는 세균인 바실러스 서브틸러스는 재래식 장류의 맛을 결정하는 가장 중요한 미생물이다. 이 균은 재래식 메주의 겉과 속에 광범위하게 번식하면서 장이 숙성되는 동안 강력한 단백질과 탄수화물 분해효소를 만들어 낸다. 이 효소들이 원료 중의 탄수화물이나 단백질을 분해시키는 작용을 한다. 그러나 모든 미생물이 자연적으로 들어가 번식하는 재래식 장류에는 미생물의 종류에 따라 유익한 것이 있는가 하면 유해한 것도 포함되어 있고 때로는 악취를 내는 것도 있다. 효소의 분비를 돕는 미생물이 잘 번식해야 원료의 분해를 촉진시키고 각종 발효작용을 유발하면서 여러 가지 맛의 성분이 생성되는데 자칫 잡균이 섞이게 되면 장맛이 떨어진다.

개량된장은 의도적으로 유익한 미생물만 배양하여 장을 담그므로 효소의 작용이 왕성하고 제조기간이 빠르며 잡균이 섞일 우려가 없어 위생상 안전하다는 장점이 있다. 개량된장을 담글 때에는 먼저 전분 당화력과 단백질 분해력이 뛰어난 종국인 아스퍼질러스 오리제를 쌀이나 보리쌀과 같은 전분질에 섞어 배양시킨 코지Koji를 만든다. 콩은 삶고, 쌀 코지 혹은 보리 코지와 소금을 배합해서 된장을 담근다.

된장의 영양성분

우리나라 사람들의 1일 평균 된장 섭취량을 20g 정도라고 하면 그 중에 단백질을 2.5g 섭취하는 셈이다. 1일 단백질 필요량인 70g에 비하면 적은 양이지만 매일 꾸준히 섭취하는 조미료이므로 중요한 단백질 급원이 된다. 된장의 주요성분은 수분이 가장 많은 50~60%를 차지하고, 단백질이 12~14%, 지방이 4~5%, 당질이 10~15% 정도를 차지한다. 수분 함량이 비슷한 쌀밥에 단백질이 2.7%, 지방이 0.2% 들어 있는 것과 비교해 보면, 된장이 영양면에서 월등히 뛰어나다.

순수 콩된장과 전분질을 섞어서 만든 보리된장, 쌀된장은 영양성분상 서로 차이가 있다. 콩된장은 단백질 함유량이 많은 반면, 쌀된장이나 보리된장은 콩된장보다 당질 함유량이 많은 것이 특징이다. 된장에 들어 있는 단백질 관련 성분들은 펩티드 혹은 아미노산 상태로 존재한다. 된장의 단백질은 아미노산 조성이 우수해 질이 좋은 단백질이 많이 포함되어 있다. 특히 쌀이나 보리에 부족하기 쉬운 필수아미노산인 리신이 많이 들어 있어 쌀을 주식으로 하는 한국인에게 영양의 균형을 이루어 주는 매우 귀한 식품이라고 할 수 있다.

된장의 구수한 맛 성분은 글루탐산과 유리아미노산, 핵산과 관련 물질 등이다. 글루탐산 함유량은 개량된장이 가장 많고 재래된장 및 시판하는 된장 순으로 내려간다. 이에 비해 총 아미노산 함유량은 개량된장이 가장 낮으며, 핵산 관련 물질 중에서는 GMP가 가장 많다. 된장에 들어 있는 지방 성분은 대부분 불포화지방산 형태로 들어 있어서 콜레스테롤 함량이 낮고, 동물성 지방질과 달리 동맥경화나 심장질환 등을 유발할 염려가 없다. 리놀레산 등은 오히려 콜레스테롤이 체내에 쌓이는 것을 방지하고 혈액의 흐름을 원활히 하는 역할을 한다. 일반적으로 재래된장과 개량된장을 비교하면 재래된장이 단백질, 지방, 당질은 부족한 반면, 수분, 회분, 염분, 섬유 등은 많아 영양면에서는 떨어진다.

된장의 향을 내는 성분은 자연발효에 의한 많은 균주에 의해서 복잡한 작용으로 생성되는데, 그 유효인자를 10종 성분으로 분리하였으나 아직 동정되지는 않았다. 대체로 재래된장에서 분리한 바실러스 속 *Bacillus* spp., 무코 속

Mucor spp.에 의해 향기 성분이 생성된다. 된장 특유의 구수한 맛을 내는 균주는 바실러스 폴리미사*Bacillus polymixa*, 바실러스 브레비스*Bac. brevis*, 바실러스 리케니폴미스*Bac. licheniformis* 등이다.

된장 숙성 중의 성분 변화

된장이 뜨기까지 내부에서는 여러 가지 작용이 일어나면서 맛을 이루게 된다. 본래의 재료가 함유하고 있는 성분들에 미생물이 관여하여 효소를 분비하게 되고, 이를 통해 발효 숙성이 진행되는 것이다. 그 변화는 크게 구분해서 4가지로 설명할 수 있다. 된장의 원료 중 단백질이 효소에 의해 변화되는 단백 분해작용과 쌀, 보리, 밀 등의 탄수화물이 당화효소에 의해 분해되는 당화작용, 그리고 당화작용으로 형성된 당분이 효모의 작용으로 알코올 생성하는 알코올 발효작용, 당류나 단백질이 세균의 작용으로 유기산을 생성하는 산 발효작용 등이다.

된장의 구수한 맛은 주로 아미노산에 의해 형성되는데, 아미노산 중 글루타민의 함량이 높을수록 구수한 맛이 많이 난다. 된장의 원료 중에 단백질이 단백질 분해 효소에 의해 펩톤 peptone 과 펩티드 peptide 로 분해되고, 이것이 다시 아미노산과 염류로 변화되면서 된장의 맛이 좋아진다. 단백질은 체내에서 소화하기 좋은 상태로 바뀐다.

된장의 단맛은 된장 속에 들어 있는 쌀, 보리, 밀 등의 탄수화물이 종국균의 당화효소에 의해 분해되는 당화작용으로 인해 형성된다. 특히 아밀라아제 amylase 에 의해 덱스트린, 맥아당, 포도당으로 분해된 당분들에 의해 생성된다. 단맛을 많이 내기 위해 당화작용이 강한 국균을 사용하기도 한다. 당화작용에 의해 생긴 당분은 효모에 의한 발효로 알코올과 탄산가스를 생성한다. 그 중 알코올의 일부는 유기산과 결합하여 에스테르[ester]를 형성, 된장 특유의 향을 형성한다.

된장에는 적당량의 유기산이 있어야 맛이 좋다. 된장은 숙성하면서 알코올 발효와 더불어 산발효가 일어나는데, 주로 당질과 단백질에 세균이 작용해서 일어난다. 때로는 맛 좋은 된장이나 배양한 유기산을 첨가해서 인공적으로 산발효작용을 일으키는 경우도 있다.

된장은 숙성되면서 중성 지방질이 계속 증가하며 비극성 지방질 회분 중 유리지방산과 스테롤에스테르도 증가함을 볼 수 있다. 이와 같은 복잡한 반응, 그리고 여러 가지 변화에 의해 된장의 맛과 향이 형성된다. 된장은 국균이 생성하는 효소가 산소와 작용하여 적갈색 침상 결정인 페리키리친[ferrychrichin]을 생성하면서 갈변된다. 된장이 지나치게 변색되면 외관은 물론 향미까지 떨어지게 되므로 주의한다.

'금방 끓여 올린 시아버지 밥상의 된장찌개보다 밑바닥이 보이게 남은 물린 며느리 밥상의 된장찌개가 더 맛있다.'는 말이 있다. 이처럼 재래식 콩된장의 경우 오래 끓일수록 맛이 나는 것은 끓이는 동안 된장의 단백질 분해가 진행되기 때문이다. 그런데 요즘 시판되는 개량된장으로 찌개를 끓이면 끈끈한 점질이 생기거나 윗물이 겉돌기도 하고 뒷맛이 시큼한 경우도 있는데, 이것은 전분질이 많이 들어 있기 때문이다. 따라서, 개량된장의 경우는 금방 끓여서 바로 먹는 편이 오히려 맛이 낫다. 개량된장의 뒷맛이 시큼한 데에는 여러 가지 원인이 있다. 첫째는 소금을 너무 적게 넣었거나 소금은 적당한데 코지의 양이 너무 많을 때, 넣은 물의 양이 지나치게 많을 때 신맛이 난다. 둘째로는 메주콩을 덜 무르게 삶았거나 소금이 고루 섞이지 않았을 때, 또는 원료가 잘 혼합되지 않았을 때 신맛이 난다. 개량된장의 시큼한 맛을 방지하려면 소금의 양을 조절하고 원료를 충분히 배합해야 한다.

3. 고추장

고추

고추의 매운맛은 자극성이 있어 식욕을 돋우고 개운한 뒷맛을 남기기 때문에 한국인의 입맛에 맞다. 고추의 매운맛은 캡사이신 capsaicin이라는 성분에 의한 것인데, 그 함유량은 0.01~0.02% 밖에. 되지 않는다. 캡사이신의 함량은 고추의 품종이나 산지에 따라 차이가 난다. 인도, 아프리카, 미국, 태국의 고추는 한국 고추에 비해 캡사이신의 함량이 2~3배 가량 높지만, 감칠맛을 내는 아미노산이나 단맛을 내는 당분의 함량은 절반에도 미치지 못한다. 그래서 외국산 고추로 담근 고추장은 한국의 전통 고추장 맛이 나지 않는다. 캡사이신은 고추 속의 씨앗보다는 과피에 많이 함유되어 있다. 그 밖의 수분과 당분은 과피에, 조지방과 조단백질은 종자에, 그리고 조회분과 조섬유는 꼭지에 각각 많이 함유되어 있다. 마른 고추에는 탄수화물, 단백질, 지질 등과 함께 비타민이 상당량 함유되어 있는데, 특히 비타민 A와 비타민 C가 다량 함유되어 있다. 고추의 붉은색은 캡산틴 capsanthin이라는 색소에 의한 것으로 지방산과 결합한 형태로 존재한다. 특히 황색의 카로틴은 비타민 A의 효과로 고추장의 빛깔을 좌우하는 중요한 인자이다.

고추는 모양만 보아서는 품질을 판단하기 어려우므로 고추 명산지로 알려진 곳의 제품을 구입하는 것이 좋다. 경상도의 영양·청송·봉화, 전라도의 임실·순창·진도, 충청도의 괴산·중원·제천 등지가 고추 명산지이다. 고추의 품질은 품종이나 산지만이 아니라 건조 방법에 따라서도 달라진다. 햇볕에 말린 태양초는 밝은 붉은색이 나서 좋고, 더운 열로 쪄서 말린 화건초는 검붉은색이 나서 좋지 않다.

고추장의 맛

고추장은 달고, 짜고, 맵고, 새콤한 여러 가지 맛이 어우러져 있다. 고추장의 단맛은 찹쌀, 멥쌀, 보리 등의 전분질이 가수분해되면서 생성된 당분의 맛이고, 짠맛은 소금에 의한 것이며, 매운맛은 고추의 캡사이신 때문이고, 새콤한 맛은 유기산의 발효작용에 의한 것이다. 여기에 콩단백질의 가수분해로 생긴 아미노산의 구수한 맛이 합해져 감칠맛까지 난다. 이렇게 여러 가지 맛이 어우러진 고추장은 음식의 간을 맞추는 장으로서뿐만 아니라 향신료의 역할을 하는 조미료로 사랑 받고 있다.

고추장은 담글 때 섞는 전분질에 따라 찹쌀고추장, 멥쌀고추장, 보리고추장, 엿고추장 등으로 나뉜다. 재래식 고추장도 간장의 메주를 담글 때와 같은 방법으로 고추장용 메주를 만들어 띄운다. 고추장용 메주는 콩만으로 만드는 간장 메주와는 달리 찹쌀가루를 혼합해 만드는데, 찹쌀가루는 보통 콩의 20% 정도 비율로 넣으면 알맞다. 고추장용 메줏가루와 찹쌀밥, 물을 적당히 반죽하고 나서 고춧가루을 넣고 마지막에 소금으로 간을 맞춘다.

재래식 고추장도 재래식 된장과 마찬가지로 자연적으로 균이 들어가 발효되므로 숙성기간이 오래 걸릴 뿐만 아니라 품질이 떨어지는 경우가 있다. 또한, 당화나 단백질 분해가 활발히 이루어지지 못해 맛이 잘 조화되지 못하는 경우도 많다.

당화력과 단백질 분해력이 뛰어난 순수 종국을 접종하여 만든 개량메주로 고추장을 담그면 이러한 문제점이 해결된다. 아스퍼질러스 오리제는 전분 당화력과 단백질 분해력이 우수하기 때문에 고추장의 숙성 기간을 단축시킬 뿐 아니라 잡균이 섞이지 않아 깨끗한 맛을 얻을 수 있다. 요즘은 고추장을 담글 때 엿기름가루를 많이 사용하는데, 이는 고추장을 빨리 숙성시키는 일종의 효소제 역할을 담당한다. 엿기름가루를 물에 담가 당화 효소액을 추출한 다음 이것을 녹말과 반죽하여 따뜻한 곳에 두면 당화가 일어난다. 여기에 메 줏가루와 고춧가루, 소금을 넣어 고추장을 담그면 숙성 시간이 단축될 뿐 아 니라 효소 작용이 활발해져 맛도 좋아진다.

고추장의 숙성에는 20여 종의 효모가 관여한다. 그 중 사카로마이세스 루 시*Saccharomyces rouxii*, 사카로마이세스 세레비시아에*S. cereviciae*, 사카로마이세스 오비폴미스*S. oviformis*, 사카로마이세스 스테이네리*S. steineri*, 사카로마이세스 멜리 스*S. mellis* 등은 내염성이고, 비산막성으로 우량 효모를 친다.

고추장의 매운맛은 자극성이 있어 우리의 식욕을 돋우는데 매우 효과적이 다. 그러나 이를 지나치게 많이 섭취하면 위장의 점막을 자극하여 소화기관 을 해칠 염려가 있다. 한국인의 위암 발생률이 높은 것이 이러한 자극성이 강 한 음식을 많이 섭취하기 때문이라는 우려도 있다.

고추장의 영양성분

고추장은 된장보다 전분질의 함량이 많은 것이 특징이다. 고추장용 메주는 처음부터 콩의 20% 비율로 전분질 곡물을 섞어 만들고, 또 담글 때는 따로 찹쌀가루나 보릿가루, 밀가루 등을 섞기 때문에 된장에 비해 전분질의 함량 이 월등히 높다. 고추장과 된장의 영양성분을 비교해 보면 고추장이 된장에 비하여 단백질의 함유량은 5~6% 정도로 된장의 12~15%에 비해 많이 적지 만, 당분의 함유량은 40~45% 정도를 차지하며 된장보다 상대적으로 높다. 고추장의 성분은 수분과 함께 당질이 높은 비율을 차지한다. 이는 된장의 10~15%에 비해 배가 넘는 수치이다. 하지만 고추장의 비타민 함량은 된장, 간장에 비해 월등히 높다. 이는 비타민 함량이 많은 고추를 사용하기 때문인데, 고추장을 담그면 비타민 함량이 약간 떨어진다. 이것은 숙성 과정에서 비타민 C가 파괴되기 때문이다.

공장에서 만든 고추장과 가정에서 만든 고추장 사이에 큰 성분의 차이는 없지만 가정에서 만든 것이 단백질과 지방이 조금 더 많고 당질이 적다. 이는 가정에서 담글 때 좋은 맛을 내기 위해 메줏가루 등 재료를 더 풍부하게 넣기 때문이다.

고추장을 담글 때 총당과 환원당은 찹쌀이나 쌀이 많이 들어갈수록 많아지고, 구수한 맛의 주성분인 아미노태 질소는 밀가루가 많이 들어갈수록 많아지며, 알코올 함량은 찹쌀, 보리쌀을 사용할 경우에 많아진다. 따라서, 경제적인 면과 품질을 감안하면 밀가루에 찹쌀이나 쌀을 혼용하는 것이 바람직하다.

4. 청국장

청국장의 미생물

청국장은 콩을 발효시킨 된장의 일종이지만 만드는 법과 맛은 된장과 차이가 있다. 청국장은 장류 중에서도 숙성기간이 짧은 속성장이다. 청국장은 삶은 콩을 짚 위에 얹고 다시 짚을 사이사이에 놓은 뒤 위에 행주를 덮고 이불이나 헌 옷으로 싸서 따뜻한 아랫목에 놓고 3~4일 띄우면 된다. 그러면 볏짚에 붙어 있던 청국장 균이 삶은 콩에 옮겨 가 발효된다. 삶은 콩에서 실 같은 진이 나오면 다 발효된 것이다. 바로 뜨고 간이 세지 않아 맛이 변하기 쉬우므로 조금씩 만든다. 콩을 띄울 때 볏짚을 사용하면 위생상 좋지 않고, 잡균이 번식하기 쉬워 요즘은 공업적으로 배양한 우량 균주만을 접종하여 제조한다.

메주는 곰팡이나 세균, 효모 등 많은 종류의 미생물이 발효에 관여하지만, 청국장은 세균의 단독 작용으로 발효가 이루어진다. 재래식 청국장은 삶은 콩에 볏짚을 덮어서 만드는데 이 볏짚에 붙어 있는 고초균枯草菌, *Bacillus subtilis*의 작용에 의하여 발효된다. 일본식 청국장은 고초균 중 순수 분리한 낫토균納豆菌, *Bacillus natto Sawamura*만을 이용하여 발효시킨 것이다. 일본의 사와무라Sawamura 라는 학자가 처음으로 이 균을 발견했기 때문에 고유한 학명이 붙여졌지만 결국은 고초균의 일종이다.

콩은 청국장 균이 번식하기에 좋은 조건을 갖추고 있다. 청국장 균은 탄수화물로, 포도당, 과당, 자당을 잘 이용하고, 단백질의 아미노산 중에서는 글루탐산, 아르기닌, 아스파라긴산 등을 좋아한다. 반면 트레오닌, 트립토판, 메티오닌 등은 청국장 균의 생육에 도움이 되지 않는다. 특히 콩에는 청국장 균이 자라기에 좋은 아미노산이 많이 함유되어 있고, 반대로 생육에 방해가 되는 메티오닌이나 트립토판 등의 아미노산은 적어 청국장 균이 번식하기에는 최적의 조건을 갖추고 있는 셈이다. 콩에 들어 있는 비타민 B군도 청국장 균이 자라는 데 도움이 된다.

청국장의 맛과 영양성분

청국장의 주요 성분은 수분이 55% 정도로 가장 많이 차지하고 있으며, 단백질 약 19%, 지질 8%, 당질 6% 정도를 차지한다. 청국장의 단백질과 지질은 간장이나 된장보다 높으며, 당질은 간장이나 된장보다 낮다. 청국장은 콩 자체를 발효하여 섭취하는 반면, 간장과 된장에는 전분질이 들어가 발효하기 때문인 것이다.

청국장의 맛은 감칠맛을 내는 아미노산의 글루탐산과 유기산에 의해 좌우된다. 청국장의 독특한 냄새는 여러 가지 휘발성 물질이 혼합되어 생겨난다. 간혹 고리타분한 암모니아 냄새가 나는 청국장도 있는데, 이것은 분해가 잘못되었기 때문이다. 맛과 향기 외에 청국장의 또 다른 특징은 끈끈한 점질이 있다는 것이다. 이것은 글루타민이 섞인 폴리펩티드polypeptide와 과당이 중합된 프락탄fructane이 혼합된 물질인데, 글루타민이 중합된 펩티드가 60~80%로 주를 이룬다.

청국장은 콩의 영양분을 가장 유익하게 이용한 음식이다. 콩이 지니고 있는 영양분을 그대로 섭취할 수 있고, 각종 효소의 작용으로 몸에 이로운 성분이 가미된 발효식품이기 때문이다. 더욱이 콩의 성분이 이미 상당 부분 분해되어 있기 때문에 소화도 잘된다. 또 발효되면서 비타민 B가 활성화되어 비타민 B_2는 처음에 비해 5~10배까지 증가한다.

청국장은 발효 온도에 따라 맛과 성분에 큰 차이가 있다. 청국장 균의 최적온도는 40~42°C인데, 효소의 활성이 높은 단백질 분해효소 프로테아제protease, 당화효소 베타 아밀라아제β-amylase 등이 작용하여 단백질은 펩톤peptone, 폴리펩타이드polypeptide, 디펩타이드dipeptide, 아미노산이 되고, 탄수화물은 당이 되어 영양가가 높아지고 소화가 잘 되는 것이다.

장이 인체에
미치는 영향

1. 아미노산의 보고

1일 단백질 섭취량을 생각할 때 간장과 된장에서 얻어지는 단백질 함유량이
충분한 것은 아니다. 단백질의 하루 섭취량 70g에 비하면 된장에서 얻을 수
있는 양은 많아도 2~5g 정도에 지나지 않기 때문이다. 그러나 간장이나 된장
은 늘 먹는 음식이기 때문에 손쉽게 단백질을 보충할 수 있다는 이점이 있다.
특히 간장은 모든 음식에 첨가되므로 우리는 늘 일정량의 단백질을 장을 통
해 섭취하고 있는 셈이다.

단백질을 형성하는 아미노산은 20여 종류나 되는데, 그 중에는 체내에서
생성되는 것과 생성되지 않는 것이 있다. 생성되지 않는 것은 음식물을 통해
섭취해야만 하는데, 이것을 필수 아미노산이라고 한다. 그 종류는 모두 8가지
이고 각각 필요량이 있어서 어느 것 하나라도 빠지거나 부족하면 그 단백질
의 영양가는 저하된다. 양질의 단백질이란 이러한 필수 아미노산을 고루 갖추
고 있고, 각기 필요량을 채우고 있는 것이다. 콩의 단백질은 불용성으로 16종
의 각종 아미노산이 고루 함유되어 있으며, 필수 아미노산이 골고루 들어 있

어 영양적 가치가 높다. 특히 콩에는 다른 식물성 단백질에 부족하기 쉬운 라이신lysine과 류신leucine이 많이 들어 있어 쌀, 보리 등 곡류의 영양상의 결점을 보완하는 역할도 한다. 콩에 부족한 메티오닌 등은 곡류에 많이 함유되어 있고, 쌀의 단백질에 부족한 리신 등의 아미노산은 콩에 다량 함유되어 있어 곡류와 콩은 서로의 단점을 보완해 주는 셈이 된다. 그렇기 때문에 혼식을 장려하는 것이다.

아미노산의 부족분을 다른 식품으로 보충하는 것을 '아미노산 보충 효과'라고 한다. 이러한 아미노산 보충 효과에 의해 완전한 단백질이 체내에 공급된다. 따라서 쌀이 주식인 우리의 식생활 여건에서 콩을 원료로 만든 장은 완전한 영양식을 이룰 수 있는 좋은 식품이다. 아미노산은 단백질의 질을 측정하는 기준이 된다. 단백질 함유량이 높은 것도 중요하지만 아미노산 조성이 잘 된 식품을 선택하는 것이 영양적으로 가치 있는 일이다. 된장에 함유되어 있는 아미노산의 종류는 20여 종에 달한다. 이들은 콩 단백질이 각종 곰팡이와 효모, 세균의 효소에 의해 분해되고 새로운 성분과 재합성되면서 형성된 것들이다. 된장에 들어 있는 아미노산은 글루탐산 비율이 가장 높다. 글루탐산이 형성하는 구수한 맛과 감칠맛이 된장의 주된 맛을 이룬다. 된장이 함유하고 있는 아미노산은 체내에 필요한 단백질을 공급해 주고, 세포의 작용을 원활하게 하며 질병을 예방하는 역할을 한다.

2. 체내의 유해물질 제거

된장과 간장에는 소량이기는 하나 콜린과 메티오닌이 함유되어 있다. 장에 들어 있는 아미노산 중에 특히 메티오닌methionine의 양은 많지 않지만 체내의 유해물질을 제거하는 데 중요한 역할을 한다. 특히 간에서 지방을 제거하는 구실뿐만 아니라 기타 유해물질을 몸 밖으로 배설하는 작용을 담당한다.

지방간이란 간에 지방이 비정상적으로 축적되는 증상으로 흔히 만성 영양불량이나 과음에 의해서 생겨난다. 지방간을 그대로 방치하면 간경변증이 되고, 자각증상이 나타날 때는 이미 증세가 상당히 진행된 상태이므로 치료에 어려움이 따른다. 간에 들어온 지방이 다른 조직에서 사용될 수 있는 형태로 분해되어야만 간에 불필요한 지방이 쌓이지 않는다. 이러한 지방대사를 원활히 해주는 영양소인 콜린이라는 지방과 메티오닌이라는 아미노산이 절대적으로 필요하다.

콜린choline은 인지질의 한 종류인 레시틴lecithin의 성분으로 간에서 지방을 운반하는 역할을 할 뿐 아니라 여러 가지 동물의 물질대사에 없어서는 안 될 중요한 영양소이다. 메티오닌은 체내에서 콜린의 합성에 이용되는 아미노산이다. 콜린과 메티오닌이 부족하게 되면 출혈성신장염이나 간에 지방이 과다하게 축적되는 증상이 나타난다. 또한 된장의 메티오닌 성분은 알코올의 대사물질인 알데히드와 담배에 들어 있는 니코틴의 독소를 없애는 작용을 한다. 따라서 담배와 술을 많이 하는 사람이 된장을 상식하면 이로 인한 피해를 줄일 수 있다.

3. 콜레스테롤의 저하

콩은 대표적인 단백질 식품으로, 신체의 젊음을 유지시켜 주는 레시틴lecithin이라는 성분을 풍부하게 함유하고 있다. 레시틴은 세포구조와 대사작용에 중요한 역할을 하는 인지질의 한 종류이다. 인간의 정자나 난자는 레시틴이 들어 있는 막으로 뒤덮여 있는데, 콩은 인간으로 말하면 태아에 해당하는 부분, 즉 종^雄을 보존하는 씨앗이다. 레시틴은 신경 전달 통로인 신경 섬유의 외피를 형성하는 성분으로 신경 전달 기능을 수행하는 데 관여한다. 이러한 레시틴이 부족하면 전달기능이 제대로 이루어지지 못해 기억력이 감퇴하고 건망증이 생기는 등 노화현상이 나타난다.

레시틴의 또 다른 역할 중 하나는 리놀산과 더불어 혈관 벽에 쌓인 콜레스테롤 제거 효과이다. 콩이 주원료인 간장과 된장은 콜레스테롤의 염려가 없는 불포화지방으로 이루어져 있으며 리놀산은 레시틴과 함께 혈관에 콜레스테롤이 쌓이는 것을 방지하는 효과가 있다. 또 혈관 벽에 붙어 있는 콜레스테롤을 떼어 내는 작용도 한다. 지방질은 흔히 콜레스테롤을 가중시키고 동맥경화와 심장병 등을 유발하는 요인으로 알려져 왔다. 그러나 장류에 들어 있는 지방은 콜레스테롤의 염려가 없는 불포화지방산으로, 오히려 인지질 성분인 레시틴과 더불어 혈액 내의 콜레스테롤을 용해하여 혈액을 맑게 하므로 동맥경화와 고혈압을 예방하는 효과가 있다.

4. 암을 이기는 장

콩에 비교적 많이 함유되어 있는 항암성분에는 이소플라본^{isoflavone}을 포함하는 페놀화합물, 프로테아제 인히비터, 피틴산, 사포닌, 그리고 피토스테롤 등이 있다. 그런데 이제까지는 이들 화합물이 영양을 저해한다든가 콩 음식의 풍미를 해친다는 이유로 오히려 이 물질들을 제거하거나 파괴시키기 위한 연구를 해왔다.

전통적으로 오랫동안 콩을 상식해 온 동양^{한국, 중국, 일본, 인도네시아}에서는 구미의 여러 나라에 비해 유방암과 대장암 발생률이 낮다고 한다. 구미 지역에 살면서도 콩을 많이 섭취하는 채식주의자들은 이런 암에 걸릴 위험이 적다고 한다. 최근에는 콩에 들어 있는 사포닌saponin의 AIDS바이러스HIV에 대한 감염 저해 작용이 밝혀진 바 있다.

콩의 이소플라본은 시험관 실험in vitro에서는 약한 에스트로겐estrogen 작용을 가지는데, 생체실험in vivo에서는 오히려 반대로 작용을 한다. 바로 이 성질이 유방암과 난소암을 감소시키는 것으로 추정되고 있다. 이밖에 콩 속에 들어 있는 피토에스트로겐이 폐암을 억제하는 작용이 있다는 것이 콩을 먹인 쥐와 안 먹인 쥐의 실험결과에서 밝혀지기도 했다.

콩을 많이 먹는 아시아 지역의 여성의 폐암발생률이 상대적으로 콩을 적게 먹는 미국 여성에 비해 1/8 정도 낮게 나타났다. 미국 내에서도 예수재림교인들의 폐암 발생률이 유난히 낮았는데, 이들은 콩을 많이 섭취하는 편이었다.

의학자들은 현재 에스트로겐을 억제하는 템옥시펜과 같은 폐암치료제를 사용하고 있으며, 앞으로 콩 추출물을 이용하여 에스트로겐 분비를 감소시키는 약제를 개발할 가능성이 높다.

일본에서의 암 예방식품을 조사한 결과 된장이 으뜸으로 매일 된장국을 한 그릇씩 먹은 사람은 안 먹은 사람에 비해 위암 발생률이 30% 저하되었다. 그러나 된장을 먹어도 사람의 성별이나 체질에 따라 그 비율이 다르게 나타났는데, 일반적으로 위암의 발생률 저하 효과는 남성에서 17%, 여성에서 19% 정도로 각각 달랐다.

가정에서 담근 재래식 된장과 공장에서 만들어 시판하는 된장, 일본의 된장미소으로 각각 항암 실험을 해 본 결과 우리의 재래식 된장이 가장 발암 억제 효과가 크고 일본의 미소가 가장 낮은 것으로 나타났다. 이 같은 항암효과의 차이는 된장을 만드는 원료와 제조공정의 차이에서 온다고 볼 수 있다.

재래식 된장은 100% 콩으로만 만들지만 공장 제품들은 콩 이외에 쌀이나 보리 등의 곡물을 혼합하여 사용하기 때문이다. 또 발효에 이용되는 미생물도 재래식 된장은 주로 바실러스 서브틸리스라는 세균을 이용하나 공장 제품들은 아스퍼질러스 오리제라는 곰팡이를 이용하기 때문이다.

결과적으로 된장을 상식하면 암세포에 대항하는 능력이 길러지고, 암세포가 성장하는 것을 막을 수 있다는 것이다.

개량식 메주는 순수 배양한 미생물을 발육시키므로 아플라톡신의 염려가 없다. 또한 재래식 메주의 경우도 푸른곰팡이가 생기지 않도록 좋은 조건에서 잘 띄우면 아플라톡신이 생기지 않는다. 주목할 만한 것은 공장제품보다 가정에서 담근 장에서 항암 효과가 더 크다는 것이다.

우리나라의 암예방협회에서는 이미 1994년 11월 암 예방을 위한 15가지 수칙을 발표했는데, 그 중에 매일 된장국을 먹는 것이 포함되어 있다. 우리나라뿐 아니라 세계적으로 영양이나 의학적으로 가장 안전하게 권장하는 식품이 바로 콩류이다. 콩을 음식에 그대로 이용하는 것은 물론이고, 콩으로 만든 식품인 두부나 두유, 콩나물 등과 발효식품인 된장, 고추장 등의 장을 이용하는 것도 좋다. 우리의 식생활은 일상적으로 된장국이나 된장찌개를 흔히 먹기 때문에 장을 섭취하기 위해 일부러 신경쓰지 않아도 자연스럽게 섭취할 수 있으나 짜게 먹을 때는 건강상의 문제가 생긴다. 따라서 장을 담글 때 염도를 되도록 낮추어서 만드는 법을 궁리해야 하고 음식의 간은 되도록 싱겁게 하는 것이 좋다.

5. 고혈압에 효과적인 된장

된장이나 간장은 저장성을 높이기 위해 염도를 높인 식품이다. 짜게 먹는 식습관이 고혈압이나 심장질환 치료에 해롭다고 주장하지만 지나치게 염분 섭취를 억제하면 도리어 노화를 촉진시킨다는 보고도 있어 무턱대고 염분을 기피하는 것도 바람직하지 못함을 시사하고 있다.

된장 섭취가 인체에 미치는 영향 중 고혈압 치료에 미치는 효과를 흰쥐 실험을 통해 보고한 결과가 있다. 일본 농림수산성 산하 식품종합연구소에서 고혈압 쥐를 대상으로 된장을 투입하여 실험하였다고 한다. 이 실험에 의하면 염분을 제거하고 건조시킨 된장을 유전적으로 고혈압이 있는 쥐에게 먹였더니 물만 먹인 쥐에 비해 혈압이 현저히 떨어졌다고 한다. 실험 결과로 보아 된장에는 혈압을 저하시키는 성분이 함유되어 있음을 알 수 있다. 그러나 실험에 쓰인 된장의 양은 평소에 사람이 먹는 양의 약 10배 가량 되었고, 또 실험용 된장은 염분을 제거한 된장으로 쥐 실험에서처럼 인체에서도 같은 효과를 나타낸다고 단정하기는 어렵다.

유전적으로 혈압이 높은 자연발생 고혈압 쥐에게 익힌 콩과 청국장을 각각 먹여 실험했더니, 익힌 콩을 먹인 쥐는 혈압이 상승했으나 청국장을 먹인 쥐는 그렇지 않았다고 한다. 청국장 균 포자는 혈압 억제에 직접 작용하는 물질로 혈압 상승을 억제시킨다.

된장뿐만 아니라 청국장에도 혈압을 저하시키는 성분이 있다. 된장이나 청국장의 직접적인 혈압 저하 효과와 더불어 몸에 해로운 콜레스테롤을 제거시켜 혈관을 탄력있게 해 고혈압을 예방하는 간접효과도 있다.

6. 유익균을 증가시키는 청국장

인체의 장내에는 약 100여 종 이상의 세균이 서식하고 있으며 이들 장내 세균들은 인간의 건강유지, 질병 또는 노화 등에 큰 영향을 미친다. 장내에 있는 유익한 균은 대표적으로 비피더스*Bifidobacteria*와 락토바실러스*Lactobacillus*로, 일반적으로는 유산균이라고 불린다. 유산균은 특히 인체 내에서 변비나 설사 등 장 질환을 예방하고, 암을 비롯한 병에 대한 저항력을 높여 중요성이 강조되고 있다. 최근에는 외국은 물론 국내에서도 비피더스균을 함유한 우유, 유산균 음료와 가공품 들이 많이 생산되고 있다.

유해한 균으로는 클로스트리디움 퍼프리전스*Clostridium perfringens*, 대장균*E. coli*, 스트렙토코커스*Streptococcus* 등이 있다. 이 균들은 장에 부패나 독소 발생, 발암물질 생성을 일으켜 인체에 나쁜 영향을 끼친다. 특히 클로스트리디움 퍼프리전스는 여러 가지 독소성 효소를 생성하여 설사 등의 질병을 유발시키고, 암을 유발하거나 면역력 감퇴 등을 일으켜 결과적으로 노화를 촉진시킨다. 건강을 유지하려면 되도록 장내에 유익한 균의 수는 늘리고 유해한 균은 줄이도록 하는 것이 바람직하다.

일본에서는 청국장의 일종인 낫토를 사람이 직접 섭취하였더니 장내의 유해균은 감소하고 장내의 유익한 균이 증가했다는 결과를 보고하였다. 우리나라의 식품개발연구원의 생물공학부 연구에서는 건조 분말 된장의 추출물이 유해균인 클로스트리디움 퍼프린젠스와 대장균의 생육을 억제시키고, 반면에 유익균인 비피더스와 락토바실러스의 생육은 촉진시켰다고 보고하였다.

7. 천연 혈전용해제, 청국장

혈전은 뇌혈관에 생성되면 뇌혈전증을 일으켜 반신불수가 되게 하거나, 뇌혈관이나 심장혈관을 막아 뇌출혈, 심부전증이나 심장마비를 일으켜 사망의 원인이 된다. 최근 우리나라도 국민소득의 향상과 식생활의 서구화로 심장질환으로 인한 사망률이 높아지고 있다. 이로 인한 혈전증의 치료제 개발이 국내외에서 활발히 전개되고 있다.

청국장에서 균주를 분리하여 혈전용해능을 조사한 연구결과 가장 우수한 혈전용해능을 나타낸 균주는 청국장에서 발견되었다고 한다. 이 균은 바실러스*Bacillus*속의 간균인데, 이 균주로부터 생성한 효소를 분리 정제하여 혈전용해제로서의 응용가능성을 타진하고 있는 중이다.

일본에서는 이미 낫토에서 분리한 나토키나아제*nattokinase*라는 효소를 경구 투여하였을 때 생체 내의 혈전용해능을 높였다는 결과가 보고되었다. 또, 낫토는 생리활성에 효과가 있는 건강식품으로 알려져서 그 소비량이 급증하고 있다.

▲ 진이 나는 낫토

장
담
그
기

4장

장의 재료

1. 메주

메주의 원리

메주는 삶은 콩을 찧어 덩어리를 만들어 말리면서 띄운다. 그 과정에서 공기 중에 있는 미생물과 짚에 붙어 있는 미생물이 메주에 부착하여 번식하게 된다. 대개 메주는 네모지게 덩어리로 빚어서 수일간 방에 그대로 두어 겉이 꾸

덕꾸덕해질 정도로 말리다가 볏짚으로 묶어서 겨우내 따뜻한 방 안에 매달아 띄우기 때문에 겉은 건조하고 속은 축축하다. 따라서 메주의 겉과 속은 수분의 함량도 다르고 번식하는 미생물도 약간씩 다르다. 메주 안쪽에는 곰팡이나 효모는 거의 없으나, 바깥쪽에는 메주의 맛을 내는 세균과 약간의 곰팡이·효모 등이 활발하게 작용한다.

메주를 띄우는 과정은 콩을 쪄서 각종 세균이나 곰팡이가 생기도록 하여 발효시키는 과정이다. 1차적으로 이들 미생물이 분비하는 단백질 분해효소인 프로테아제가 작용하여 콩단백질을 분해시킴으로 분해산물인 아미노산과 펩타이드 성분으로 맛과 향을 얻어내는 원리로 메주를 만들게 되는 것이다. 콩의 단백질은 그 자체로는 맛을 내는 성분이 없으나 단백질이 분해되면서 아미노산이나 펩타이드 형태로 되는 경우 각종 감칠맛을 내는 성질을 갖게 되어 다양한 조미료로 이용될 수 있다.

전통적으로 만드는 메주는 콩에서 잘 증식하는 각종 미생물을 자연적으로 끌어들여 증식시킴으로서 이들이 생산하는 효소를 이용하여 콩 단백질을 분해시킨다. 따라서 메주의 발효상태가 곧바로 장류의 품질과 밀접한 관계가 있으며 발생한 미생물의 종류에 따라서 생성되는 물질도 달라져 집집마다 장류의 맛이 다르게 되는 것이다.

콩 단백질을 분해시키는 과정은 단순하게 단백질 분해 효소protease를 첨가하여 아미노산을 얻을 수 있으나 굳이 복잡하게 미생물을 이용하여 발효하는 이유는 메주 혹은 고지발효에 관여하는 미생물이 단일 균주가 아니고 복합 미생물이며 각기 다른 미생물이 발효과정 중에서 많은 종류의 물질을 만들어서 실로 다양한 맛과 향을 내는 물질을 생성하기 때문이다.

간장과 된장만 하더라도 황국균의 단백질 분해력과 효모에 의한 알코올 발효, 그리고 세균에 의한 산 생성 등으로 맛의 조화와 함께 독특하고 우수한 향이 만들어지고 있다. 메주의 자연 발효에서는 이들 균들이 복합적으로 증식되어 자연 복발효 양상을 갖게 된다. 현대식 장류제조공장에서는 순수 분리한 균주로 발효 관리를 하나 단일 균으로 전체 발효관리를 하지 않고 몇 가지 균주를 병용하는 이유가 여기에 있다.

재래식 메주

메주의 발효 조건

메주의 콩 단백질은 충분한 열을 받아 무르게 삶아졌을 때 효소의 분해가 활발해진다. 이를 '콩 단백질의 변성'이라고 한다. 날콩의 단단한 세포벽은 열이나 약품에 의해 파괴됨으로써 각종 효소의 침투와 작용이 원활해진다. 따라서 덜 삶아진 콩으로 메주를 만들거나, 혹은 덜 삶아진 것이 섞이게 되면 효소의 분해를 방해하여 장맛을 떨어뜨린다.

콩을 지나치게 삶는 것도 좋지 않다. 가열 시간이 너무 길면 오히려 단백질 분해에 장해가 된다. 느슨해졌던 콩 단백질의 구조가 다시 재결합하여 단단하고 분해하기 어려운 구조로 변하기 때문이다. 콩을 삶을 때는 고온에서 단시간 익히는 것이 바람직하다.

메주를 띄울 때 겉을 꾸덕꾸덕하게 말리는 것은 유해한 곰팡이의 번식을 막기 위함이다. 겉의 수분이 마르기도 전에 곰팡이가 번식하면 유독한 곰팡이독이 생길 수 있으므로 메주의 겉을 건조시킨 후에 곰팡이가 서서히 번식할 수 있도록 한다. 메주의 겉면은 30°C 정도의 건조한 공기에서 3일 정도 말리면 완전히 굳어진다. 그 다음 35°C 정도의 환경에서 7일 정도 띄우고, 상온에서 30일 정도 숙성시키면 메주의 발효가 완성된다. 모든 발효식품이 그렇지만 장류의 품질을 결정하는 것은 미생물이다.

메주의 미생물

메주에서 분리한 미생물 중 세균은 바실러스 서브틸리스*Bacillus subtilis*·바실러스 푸밀러스*Bacillus pumilus*·스테필로코커스 아우레우스*Staphylococcus aureus*로, 곰팡이나 효모보다 훨씬 더 많이 들어 있고 메주의 겉과 속에 골고루 분포되어 있다. 특히 가장 광범위하게 발견되는 바실러스 서브틸리스는 강력한 단백질 분해효소와 탄수화물 분해효소를 가지고 있어 식품 가공에 많이 이용된다. 또 일본식 된장의 주요 발효 미생물이다.

곰팡이로는 아스퍼질러스*Aspergillus*속 · 무코 *Mucor*속 · 라이조퍼스*Rhizopus*속 등이 분리되었다. 효모로는 로도톨루라 푸레바*Rhodotorula flava* · 톨루롭시스 도틸라 *Tolulopsis dottila* 등이 검출되었으나 장의 숙성에 미치는 역할은 뚜렷하지 않다.

개량식 메주의 원리　재래식 메주는 만드는 데 시간이 많이 걸릴 뿐만 아니라 메주에 필요한 미생물만 번식하는 것이 아니라 잡균이 더 많이 번식하기도 해 때로는 질이 나쁜 메주가 만들어 진다. 이런 메주로 장을 담그면 장맛이 떨어진다.

요즘은 재래식 메주와는 맛이 다르지만 여러 가지 좋은 조건의 곰팡이를 순수 배양하여 메주를 손쉽게 띄울 수 있는 개량메주가 많이 쓰이고 있다.

개량식 메주는 콩을 쪄서 그대로 배양한 종국을 묻혀서 띄우기 때문에 맛과 질이 균일하고, 불순물이 섞일 염려도 없으며, 띄우는 시간도 적게 걸린다. 그러나 한 가지 곰팡이만을 접종시켜 발효시키기 때문에 전통 메주의 맛을 기대할 수는 없다.

누룩곰팡이를 순수 배양해 만든 종국을 접종시킴으로써 효소의 생성을 촉진하고, 재래식 메주에서와 같은 잡균의 번식을 피할 수 있으며, 시기적인 제한이 없다는 것이 특징이다.

개량식 메주에 사용되는 종국은 단백질과 전분질을 잘 분해시키고 좋은 맛과 향을 내는 곰팡이로 아스퍼질러스 오리제*Aspergulus oryzae*라고 한다. 일명 누룩곰팡이 또는 황록색의 포자가 생기므로 황국균黃麴菌 또는 황곡균이라고도 한다.

누룩곰팡이는 쌀이나 보리에서 잘 번식하고, 발육 온도는 15~50°C이나 최적 온도는 26~29°C이며 공기 중의 습도는 70~95%가 적당하다. 처음에는 무색 투명하던 것이 번식을 시작하면 백색의 균사와 함께 솜처럼 퍼지면서 효소를 생성한다.

종국이 생성하는 효소 중 아밀라아제amylase, 말타아제maltase, 프로테아제protease, 리파아제lipase 등이 중요한데, 그 중 단백질과 전분의 분해에 뛰어난 아밀라아제와 프로테아제가 메주 띄우는 데 중요한 역할을 한다.

메주 만들기

콩 삶기메주 쑤기 　맛있는 장을 담그려면 먼저 메주를 잘 띄우는 것이 중요하다. 메주는 보통 가을에 입동立冬을 전후해 쑤는데, 벌레 먹었거나 썩은 것이 없는 잘 여문 메주콩을 준비해 두었다가 김장을 끝낸 후 메주를 쑨다. 메주콩이란 추석 때 나오는 청대콩이 여물어 노랗게 된 것이며, 묵은 콩일 경우는 발아되지 않는 것이라야 한다. 콩은 반드시 햇콩이어야 하고 국산콩으로 만들어야 장맛이 좋다.

콩 삶는 방법으로는, 솥에 물을 넣고 삶거나 시루에 안쳐 찌는 방법이 있다. 콩을 잘 씻어서 솥에 물을 넣고 삶는데 다 삶아지면 처음의 2~3배로 부피가 늘어나므로 양을 잘 조절한다. 시루를 안쳐 찌는 방법이 솥에 물을 붓고 삶는 방법보다 콩의 수용성 성분의 손실이 적은 편이다. 찔 때는 콩을 하루 정도 물에 담가 충분히 불렸다가 사용한다. 콩은 물에 불리면 처음의 1.5~2배로 늘어나므로 삶기 전에 미리 어느 정도 불려 삶거나 찌면 훨씬 수월하다.

콩을 익힐 때 쓰는 물은 깨끗한 정수를 쓰는 것이 좋다. 철분이 많이 함유된 물을 사용하면 익혀 놓았을 때 색이 좋지 못하고, 칼슘이 많이 함유된 물을 사용하면 콩이 부드럽지 못하다. 콩에서 비릿한 내가 나지 않고 손가락으로 비벼보아 쉽게 뭉그러질 때까지 충분히 익힌다. 덜 익은 콩으로 메주를 쑤면 여러 가지 분해 효소가 제대로 침투하지 못해 장맛이 떨어진다. 또한 이런 메주로 간장을 담그면 색이 탁하고 맛이 떨어져 장으로서의 가치가 없어진다.

오래 가열하는 것도 좋지 않다. 콩을 지나치게 익히면 단백질 분해에 지장을 준다. 세포조직이 효소가 침투하기 좋은 상태로 풀어졌다가 다시 단단하게 결합하기 때문이다. 따라서 콩은 고온으로 단시간에 익히는 것이 바람직하다. 100°C로 김이 오른 후 3~4시간 가열을 지속하면 적당하다. 콩은 오래 삶으면 끈적끈적하고 누런 물이 넘쳐 나오는데 이때는 솥뚜껑을 완전히 덮지 않고 뭉근한 불에 끓인다. 콩이 노랗다가 벌겋게 되고 껍질이 벗겨질 정도로 푹 삶아졌으면 소쿠리에 쏟아 남은 물을 빼낸다. 익힌 콩은 식기 전에 찧어야 메주 만들기가 수월하다.

메주 띄우기

재래식 메주

물에 삶은 콩은 대바구니에 밭여서 물기를 충분히 뺀 후에 절구에 찧은 후 메주로 만들고, 시루에 찐 콩은 바로 메주로 만든다. 절구가 없을 때는 포대에 담고 발로 밟아 콩알을 으깬다. 콩 쪽이 드문드문 있을 정도까지 찧은 후 큰 그릇에 쏟아 넣어 같은 크기의 덩어리를 만든다.

메주 모양은 일정한 틀이 정해져 있는 것이 아니어서 지방과 집안마다 다르다. 절구에 찧은 콩을 손으로 뭉쳐 만들거나 일정한 나무틀에 넣어 모양을

▼ 메주 띄우기

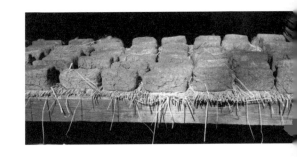

만든다. 덩어리의 모양은 목침이나 납작한 전석처럼 만들어 넓빤지나 가마니 위에 쭉 늘어놓아 물기를 말린다. 보통 메주콩 1말(8kg)로 5~7개 정도를 만드는데, 가운데는 약간 편편하고 얇게 빚어야 세균 번식이 활발해진다. 이렇게 만든 메주는 우선 며칠간 방에 그대로 두어 표면이 꾸덕꾸덕해질 때까지 말린다. 표면이 마르지 않은 상태에서 세균이 번식하면 몸에 유해한 곰팡이가 번식하여 독소를 생성할 수 있으므로 30℃의 실온에서 3일 정도 말려서 메주 겉면의 수분을 없애는 것이 중요하다.

메주의 겉면이 완전히 굳으면 상자에 짚을 깔고 서로 붙지 않게 담고 잘 덮어서 따뜻한 곳에 둔다. 예전에는 노인들이 기거하는 따뜻한 온돌방이나 빈 방에 불을 때어 잘 뜨게 했다. 대개 27~28℃ 정도의 실온에서 2주 정도 두면 표면에 곰팡이가 고루 덮이게 된다. 이때 좋은 곰팡이가 번식해야 하는데 온도가 지나치게 높거나 습기가 많으면 잡균이 생겨 메주가 썩어 장맛을 그르치게 된다. 곰팡이가 생기면 진득한 진도 나오니 밖에 내놓아 가끔 말린다. 메주가 알맞게 뜨면 볏짚으로 열십자 형태로 묶어서 겨울동안 방 안에 매달아 놓거나 선반에 올려놓고 말린다. 이른 봄이 되면 이들 메주를 꺼내 햇볕에 쬐어 바짝 말린다.

개량식 메주

개량식 메주는 콩을 삶아 황국균을 접종시킨 것으로, 밀가루나 쌀가루에 종균을 섞어서 한데 버무려 콩에 부족한 탄수화물을 보충하여 메주 곰팡이의 번식을 돕도록 하여 만든 것이다. 메주콩이 1말이면 황국은 50g 정도가 필요하다.

먼저 콩을 무르게 삶고, 황국균은 볶은 밀가루나 쌀가루와 고루 섞는다. 삶은 콩에 밀가루를 고루 뿌려서 잘 섞은 후 알맹이째 띄우거나 절구에 찧어 네

모진 모양으로 덩어리를 만든다. 버무린 메주를 나무상자나 종이상자에 담아 30~35℃ 정도에서 띄운다. 온도가 그 이상이 되면 잡균이 번식하여 메주의 질이 나빠진다. 하루 이틀쯤 지나면 흰곰팡이가 생겨 메주를 덮기 시작한다. 이 때 나무주걱으로 고루 섞어 25~30℃에서 2~3일 더 보온시키면서 발효시 킨다. 곰팡이의 흰 균사가 황록색으로 변하면 꺼내서 햇볕에 널어 말린다.

고추장용 메주

고추장용 메주는 콩만으로 크게 빚은 메주를 쓰지 않고 처음부터 전분질을 섞어서 작게 빚는다. 흰콩이 5되이면 멥쌀은 1되의 비율로 섞는다.

메주 쑤는 방법은 두 가지가 있다. 그 한 가지가 콩과 쌀가루를 따로따로 익 혀서 절구에 찧을 때 한데 합하는 방법과 불린 콩과 불린 쌀을 시루에 번갈아 켜켜이 안쳐서 쪄낸 후 절구에 쏟아 찧어서 빚는 방법이 있다.

고추장용 메주는 빚을 때 어른 주먹만 한 크기로 둥글게 만들거나 구멍 뚫 린 도넛 모양으로 넓적하게 빚기도 한다. 방바닥에 볏짚을 깔고 그 위에 작게 빚은 메주를 하루 정도 늘어놓아 겉면이 꾸덕꾸덕하게 마르면 나무상자나 시 루에 넣고 메주 사이에 짚을 켜켜이 놓고 따뜻한 곳에 두어 발효시킨다. 1주 일 정도 지나 메주에 하얗게 곰팡이가 피면 꺼내 볕에 말렸다가 다시 상자에 넣어 한 번 더 발효시킨 후 말린다. 이 같은 작업을 2~3차례 반복한다. 보통 3주일 정도 지나 다 뜨면 바싹 말린다. 고추장용 메주는 간장용 메주보다 덜 띄우는 편이 낫다. 너무 오래 띄우면 곰팡이가 지나치게 많이 번식해 퀴퀴한

▼ 고추장용 메주 말리기

냄새가 나서 오히려 맛이 떨어진다. 메주에 묻은 먼지를 솔로 털어 내고 물에 얼른 씻어 건진 후 잘게 쪼개서 채반에 건져 바람이 잘 통하는 곳에 두고 말린다. 메주가 마르면 곱게 가루를 내는데, 빻은 메줏가루도 3~4일 밤이슬을 맞히면서 말리면 메주 특유의 냄새가 없어져 좋다. 메줏가루는 구수한 향이 나고 노란 빛깔이 나야 좋은 것이다.

고추장 메주를 구입해서 사용할 경우에는 잘 선택해야 한다. 메주에서 시큼한 냄새나 썩은 냄새가 나지 않아야 하고, 표면에 푸른곰팡이가 피어 있지 않고 잘 뜬 것이어야 한다. 고추장용 메주를 따로 쑤어 고추장을 담으면 좋으나 그렇지 못한 경우에는 개량 메주를 사용하면 된다. 개량 메주는 전분질을 함께 넣기 때문에 단맛이 강하고 빨리 숙성하므로 고추장용 메주로 쓰면 좋다.

좋은 메주 고르기

국산 콩 메주를 쓰는 것이 장맛이 좋아서 선호하나 쉽게 구할 수 있는 형편은 아니다. 콩으로 구별한다면 국산 콩이 수입 콩에 비해 더 노랗다. 메주를 쑤는 것이 여의치 않다면 믿을 수 있는 곳에서 메주를 구입하도록 한다.

좋은 메주는 잡균이 번식하지 않고 영양성분의 분해효소를 잘 만드는 세균이 적절히 분포되어 있어야 한다. 재래식 메주의 경우는 전적으로 공기 중에 있는 균이 들어가 번식하게 되므로 메주를 띄우는 장소에 따라 장맛이 크게 많이 좌우된다.

준비한 메주를 솔로 깨끗이 씻어 채반에 받친 다음 한나절 동안 햇볕을 바짝 쬐어 수분을 제거한다. 4인 가족이면 메주 1말7~8kg을 준비한다.

재래식 메주

육안으로 잘 뜬 메주인지 아닌지를 구별하는 방법은, 거죽은 말라 있고 노르스름하며 속은 약간 말랑말랑한 것이 잘 뜬 메주이다. 반면 표면이 거무스름하고 끈적거리며 축축한 듯하면 제대로 뜬 것이 아니다. 겉은 노르스름하되 붉은색이 섞여 있어야 좋고, 쪼갠 면이 잘 떠서 검붉게 보여야 한다. 곰팡이는 흰색, 노란색을 띠어야 하는데 파랗거나 검은빛을 띠면 잡균이 많이 들어가 있는 것이다. 이러한 메주로 장을 담그면 곰팡내가 난다.

메주의 색이 처음의 콩빛대로 노란 것은 덜 띄워진 것이다. 약간 갈색이 나는 것이 좋지만, 지나치게 떠서 속이 곯은 것도 좋지 않다.

메줏가루를 살 때는 검은빛이 도는 것보다 노란색이 도는 것을 택한다.

▲ 좋은 메주

개량식 메주

개량 메주는 콩을 발효시키는 탁월한 기능을 가진 황국균을 인위적으로 접종시켜 메주를 빚었기 때문에 위생적인 면에서 안전하고, 맛도 비교적 균일하다. 그러나 단맛이 강해 간장은 달지만 된장은 재래식 된장만 못하다. 간장을 달였을 때 재래간장과 달리 색이 탁한 편이다. 개량 메주는 간장보다 고추장을 담글 때 사용하면 좋다.

개량 메주는 종균에 밀가루나 쌀가루를 섞어서 삶은 콩에 버무려서 띄운다. 간혹 불량품의 경우 메주 무게를 늘리려고 밀가루를 많이 묻히거나 덜 익은 콩에 누룩을 입혀 파는 경우가 더러 있다. 이러한 제품으로 장을 담그면 곰팡이가 피거나 부글부글 끓어 넘치게 된다. 따라서, 개량 메주는 콩알이 잘고 가벼우며 깨뜨려 보아 껍질이 얇은 것을 선택해야 하며 옅은 녹두색이 고루 퍼져 있는 것이 좋다. 너무 희거나 검은 것은 온도조절이 잘 안 된 것이다. 요즘은 개량 메주의 제조 원료 비율이 콩 90%, 밀가루 7%, 누룩 3%을 지키도록 되어 있으므로 물건을 고를 때는 우선 제조 비율을 검토한 후에 콩알의 상태를 살펴 결정하도록 한다.

2. 소금

소금의 주성분은 염화나트륨^{NaCl}이고 그 외에 미량의 칼슘염, 마그네슘염, 칼륨염, 유산염, 철 등을 포함하고 있다. 불순물이 적은 소금이 좋으나 장 담그기용 소금은 호렴, 재염인 천일염으로 만든 소금이 장맛에 더욱 좋다.

호렴은 입자가 굵고 알이 굵으며 색이 약간 검은 편이다. 대개 장이나 김치를 담그거나 생선을 절일 때 쓰인다. 재염은 호렴에서 불순물을 제거한 것으로, 재제염보다 굵지만 색은 호렴보다 희다. 재제염은 보통 꽃소금이라 불리는 희고 고운 입자로 보통 음식할 때 일반적으로 많이 쓰고, 설탕처럼 고운 입자의 식탁염은 염화나트륨 순도가 99.9%로 이온교환수지법으로 만들어 순도는 높으나 장이나 김치 절이는 데에는 합당하지 않다.

예전에는 장 담글 소금을 가을철에 구입하여 소금 가마니 밑에 나무토막 등을 고여 놓아 사이가 뜨게 해서 간수가 저절로 빠지게 두었다가, 녹아 내린 간수는 그릇에 모아서 두부 만들 때 응고제로 유용하게 썼다. 요즘은 호렴이나 재염에 검불이나 지푸라기 등 불순물이 거의 없으므로 그대로 써도 된다.

▶ 굵은소금과 꽃소금

장을 담글 소금은 천연 소금인 천일염이 좋다. 장을 담그기 한해 전에 구입해 간수가 빠지게 하여야 쓴맛이 나지 않는다.

3. 물

옛날에는 장 담글 물을 준비하는 데에도 많은 정성을 기울였다. 섣달 납일에 내린 눈을 녹인 납설수臘雪水로 담근 장에서는 벌레가 안 생긴다고 하여 많이 사용하였다. 그러나 요즘처럼 공해가 심한 상태에서는 상상도 못 할 일이다.

　물은 장맛을 결정하는 중요한 요소로 약수나 생수 등 오염되지 않은 깨끗한 물을 사용하는 것이 좋다. 예로부터 평안도 강계장이 유명하였는데, 물맛이 부드러워서였다.

장 담그는 물은 맛있는 장 만들기의 중요한 요소이다. 장 담글 물은 북쪽 응달에 있는 샘물일수록 좋고, 남쪽 양지에 있는 물로는 3년 장이나 5년 장 같은 겹장은 담글 수 없다. 요즘 도시에서는 수돗물을 식수로 사용하지 않고 있는 실정이니 따로 생수나 믿을 수 있는 약수를 떠다가 담그는 것이 좋다.

4. 소금물

장은 담그는 시기에 따라 소금의 염도를 달리한다. 날이 추울 때인 정월에 담그는 장은 물과 소금을 10 : 3의 비율로 맞춘다. 염도계로 재어 보아 18˚Bé 보오메정도면 알맞다. 날씨가 약간 따뜻해진 2월과 3월에 장을 담글 때는 물과 소금의 비율을 10:4로 맞춘다. 염도계로는 19~20˚Bé 정도이다.

염도계가 있으면 정확히 염도를 잴 수 있어 간편하지만 없는 경우에는 소

▶ 염도계(보오메)

금물의 농도를 맞추기가 여간 어렵지 않다. 간을 보아서는 짜고 덜 짠 것을 가늠할 수가 없기 때문이다. 적당한 염도로는 메주가 소금물에 떠야 하므로 달걀을 집어 넣으면 그 정도를 알 수 있다. 달걀이 반 정도 수면 위에 떠올라 있으면 염도가 맞는 것이다. 간이 짜면 달걀이 더 위로 뜨고 싱거우면 아래로 가라앉는다.

5. 기타

항아리

장을 담갔던 항아리라면 깨끗이 씻어 물기를 없애고 햇볕에 소독을 해 놓는다. 군내가 난다면 항아리를 끓는 물로 닦아 놓은 다음 항아리 바닥 가운데에 숯불을 놓아 소독한다. 항아리 크기도 장맛을 좌우하므로 너무 크지 않도록 한다. 메주에 소금물을 풀어 넣었을 때에 가득 찰 정도의 크기여야 맛있는 장이 된다.

숯, 마른 고추, 대추, 깨

장 담그고 그 위에 숯 약간, 말린 붉은 고추 5~6개, 볶은 깨 1찻술, 대추 10여개를 넣는다. 숯은 흡습성이 좋아 나쁜 냄새를 빨아들이는 효과가 있다. 장을 담가 넣을 항아리에 숯을 피워 항아리를 살균하는데, 새 숯보다는 불 붙여 빨갛게 달군 숯을 소금물에 넣어 불이 꺼지면 바로 뚜껑을 닫는다. 장 담근 후 넣는 숯은 참숯으로 작게 쪼갠 것을 젖은 보로 닦아 가루를 없애고 넣는다. 고추

는 꼭지가 있는 채로 숯과 마찬가지로 깨끗이 닦아 넣는데, 살균 효과가 있을 뿐 아니라 붉은색으로 나쁜 것이 가까이 오지 못하게 하는 액막이용으로 사용하였다. 붉은색의 대추, 항아리에 금줄을 두르는 행위도 액막이용이다. 한지를 버선모양으로 잘라 항아리에 버선 밑이 위로 향하도록 붙여 벌레들이 항아리 안으로 들어가지 않고 버선 안으로 들어가라는 주술적인 의미를 담고 있다.

장 담그는 과정

1. 메주 손질

메주 소두 1말^{보통 크기 3덩이}, 소금 소두 6~7되, 물 2말을 준비한다. 메주는 맑은
물에 씻어 말린 것을 쓰는데 덩어리가 작으면 그대로 쓰고 덩어리가 크면 반
으로 쪼개서 항아리에 차곡차곡 담는다. 간장을 얻을 목적이면 메주를 쪼개
까맣게 든 부분을 많이 쓰고, 된장을 얻을 목적이라면 가장자리의 덜 뜬 부
분을 골라 쓴다.

2. 소금물

그런 다음 하루 전에 소금을 풀어 가라앉힌 물의 윗물만 떠서 붓는다. 메주
가 떴다가 가라앉으면 간이 싱거운 것이므로 소금을 더 넣어야 한다. 이때는
소금물의 일부에 다시 소금을 풀어 간을 맞춘다. 메주가 물 위로 1cm 정도
떠오르면 적당하다.

▶ 메주 말려 두고
소금물 받치기

소금물은 독에 가득 채워 준다. 그러나 처음 부었던 소금물은 시일이 지나 메주가 붇게 되면 조금씩 줄고 볕을 쬐는 과정에서도 조금씩 줄어든다. 그러므로 장을 담고 남은 소금물은 따로 독에 담아 두었다가 줄어드는 수분량 만큼 조금씩 채워 주면 좋다.

수면 위로 나온 메주의 겉면에 소금을 한 줌씩 뿌려 준다. 이것은 노출된 메주덩어리에 잡균이 붙지 못하도록 하기 위해서이다.

또, 숯·대추·고추 등을 한 독에 서너 개씩 띄운다.

3. 간장과 된장 가르기

보통 40~60일 정도의 숙성 기간이 지나면 메주와 즙액을 분리한다. 그러나 장 뜨는 시기도 장 담근 시기에 따라 조금씩 차이가 있다.

정월장은 70~80일 정도, 2월장은 50~60일 정도, 3월장은 40~50일 정도 지나면 장을 뜬다. 날이 따뜻할수록 발효기간이 짧다.

　또 그해에 장을 가르지 않는 경우에는 8월에 볕을 더 쬐지 말고 메줏덩이 위에 소금을 하얗게 얹어 겨울을 보낸다. 그리고 이듬해 돌이 되는 달에 간장과 된장을 가른다. 이렇게 하는 것은 된장보다 맛있는 간장을 얻기 위해서이다.

　장을 가를 때는 용수가 있으면 가운데 용수를 박고 간장을 떠낸 후에 메주를 들어낸다. 그렇지 않을 때는 불은 메주가 부서지지 않도록 잘 건져 내고 항아리 바닥에 남은 메주 부스러기는 체로 밭쳐서 건진다. 건져 낸 메주는 다시 소금을 넣고 버무려 다른 항아리에 꾹꾹 눌러 담는다.

4. 간장 달이기

간장과 된장을 가른 후에 꼭 간장을 달이는 것은 아니다.

　된장과 분리한 간장은 날간장이라고 하는데 불에 달이지 않은 날간장은 향

▶ 된장과 분리한
　간장 달이기

이 미숙하고 각종 효소와 미생물이 그대로 남아 있어 저장성과 맛이 떨어진다. 그래서 된장과 간장을 가르고 나면 간장은 따로 불에 달이는데, 이것은 간장이 부패하는 것을 막고 농축시켜 맛이 진한 장을 얻기 위해서이다.

간장은 80°C의 온도에서 10~20분 정도 지속해서 달이고, 달이면서 생기는 거품은 걷어 낸다. 간장이 좀 묽다고 생각되면 오래 끓이면 된다. 달인 장은 완전히 식힌 후에 독에 붓고 뚜껑을 덮는다.

5. 장독 관리

장을 담그고 사흘쯤은 장독 뚜껑을 덮어 두었다가 햇볕이 좋은 날 아침에 뚜껑을 열어 하루 종일 볕을 쬐고 저녁에 덮는다. 항아리 아가리는 망사로 씌워 이물질이 들어가지 않게 한다. 특히 비를 맞으면 장맛이 변하므로 흐린 날에는 장독 뚜껑을 열지 않는 것이 좋다. 장독대를 청소할 때 호스를 들이대고 물을 뿌리는 경우가 많은데 장은 빗물이나 물이 들어가면 그 맛이 변한다. 이를 옛날에는 '가시 난다'고 했다. 즉, 장맛이 변한다는 말이다. 그러므로 장독은 반드시 행주를 꼭 짜서 항아리 주변을 닦아 내는 방법으로 청소해야 한다. 볕을 쬐면서 숙성시키는 기간은 보통 30~50일 정도이다. 좀 더 진한 간장을 얻기 위해 백일이 지난 후에 장을 뜨는 경우도 있지만 40일 정도 지나면 간장의 맛과 향취가 충분히 우러난다.

장독이 기울어지면 물이 빈 곳에 백태가 끼므로 기울어지지 않게 두어야 한다. 청소하면서 물이 들어가지 않게 조심하고 장독 주변은 늘 깨끗이 닦는다. 간장에 곰팡이가 피면 냄새가 고약해진다. 특히 여름철 장 관리를 잘못하면 곰팡이가 피기 쉬운데 이럴 때는 위에 떠 있는 곰팡이를 걷어 내고 소금을 넣고 팔팔 끓인다. 달인 간장을 장독에 다시 부을 때는 먼저 장독을 소주로 헹궈 살균한 다음 햇볕에 바싹 말려서 사용한다.

항아리 아가리에 망사를 덮고 고무줄이나 끈으로 묶어 놓기만 해도 이물질이 들어가는 것을 막을 수 있다. 망사 덮개의 한가운데 굵은 소금을 한 줌 올려놓으면 벌레의 접근을 막을 수 있다. 예전에는 장독에 벌레가 접근하는 것을 막기 위해서 버선본을 오려 거꾸로 붙여 놓거나 새끼줄을 항아리 입 주변에 묶어 놓기도 했다.

옛날에는 장맛이 떫거나 쓰면 버드나무로 막대를 길게 깎아 항아리 밑에까지 닿게 하여 둥글게 빈 곳을 저어 주면 좋다고 했다. 또 다른 방법은 우박이올 때 우박을 두어 되 받아 넣으면 본래 맛이 돌아온다고 했다. 지금은 거의 사용하지 않는 방법이지만 장에 대한 선조들의 정성을 알 수 있는 기록이다. 장맛이 쓸 때는 묵혀 두었다가 이듬해 장을 담글 때 덧장을 말면 좋다. 메주에 소금물 대신 묵은 간장을 넣고 장을 담으면 간장이 진해지고 맛이 좋아진다. 감칠맛을 더해 주려면 간장을 달일 때 찹쌀과 다시마 등을 조금 넣고 달인다.

◀ 항아리를 망사로 씌운다.
▶ 장독 뚜껑을 덮는다.

장 담그기 실제

1. 간장

재래식 간장 담그기

재료 | 메주(콩 1말) 3덩이, 소금 6~7되, 물 4말(80L)

▶ 메주 말리기

준비하기

❶ 메주 씻어 말리기

겨우내 띄워서 말린 메주는 먼지가 많이 쌓여 있으므로 먼지를 털고 흐르는 맑은 물에 담가 재빨리 솔로 문질러 씻는다. 씻은 메주는 채반이나 광주리에 건져서 물기를 빼고 햇볕에 2~3일간 바싹 말린 후 사용한다.

❷ 소금물 풀어 장물 만들기

장맛은 메주와 염도, 볕 쬐기에 의해 결정된다. 소금물의 농도가 너무 낮으면 숙성과정이나 보관 중에 변질될 우려가 있고, 너무 짜면 미생물의 발효가 억제되어 장맛이 떨어진다. 소금물은 장 담그기 하루 전에 미리 풀어 놓아 침전물이 바닥에 충분히 가라앉은 후에 사용한다. 예전에는 겨울을 난 소금물을 사용하면 좋다고 하여 소금물을 장 담그기 몇 달 전부터 풀어 두기도 했다.

소금물은 먼저 큰 독 위에 시루를 얹고 시루 밑에 큰 베보자기를 간 후에 소금을 담는다. 시루 대신 큰 소쿠리를 사용해도 된다. 미리 가름한 물을 바가지로 조금씩 부으면 소금물이 아래로 모인다. 필요한 양의 물에 소금을 푼 다음 소금이 다 녹을 때까지 막대기로 휘휘 젓고 하루 동안 그대로 재워 두었다가 장 담글 때 윗물만 떠서 사용한다.

장항아리 크기에 맞추어 장을 담그지만 흔히 메주콩 1말에 소금물은 3~4배의 비율로 잡는다. 메주콩 1말 정도면 소금 1말이 필요하고, 늦게 담글 경우엔 상할 염려가 있으므로 소금을 2되 정도 더 잡는다. 메주 양에 비해 소금물이 많으면 간장의 양이 많아지고 맛은 옅어지며, 물이 적으면 간장의 양은 적고 맛이 진해지는 것은 당연하다. 따라서, 맛있는 장을 담그려면 물은 적게 붓고 메주를 많이 넣으면 된다. 보통 메주콩 : 소금 : 물의 비율은 1 : 1~1.2 : 3~4 정도로 한다. 간장을 많이 만들려면 담글 때 메주 : 물의 비율을 1 : 4로 하고, 간장과 된장을 함께 얻으려면 1 : 3으로 하는 것이 적당하다.

◀ 소금물 내리기

소금물 제조

1 20도 소금물을 만들려면, 소금 : 물 = 1 : 4 의 비율로 만든다.

- 소쿠리에 광목을 깔고 소금을 얹은 다음 물을 끼얹는다.
- 19~20° Bé(식염 %)가 되는지 확인한다(염도계, 달걀 이용).
- 잡티를 가라앉힌다(2~3일 정도).

2 소금 20kg일 경우 물 80L가 필요하며, 소금의 염도에 따라 소금을 가감한다.

3 염도를 측정하여 염도가 낮을 경우 소금을 추가하여(500g 정도) 20도의 소금물로 만든다(보오메 염도계로 빨간 눈금이 2개가 보이면 염도가 18도, 3개가 보이면 염도가 20도임).

4 다 만든 소금물은 2~3일 정도 불순물을 가라앉혔다가 장 담글 때 사용한다.

❸ 항아리 씻어 소독하기

담그기

❶ 메주를 항아리의 2/3만큼 차도록 넣는다.

❷ 가라앉힌 소금물을 가득 붓는다.

❸ 위에 숯, 대추, 고추 등을 띄운다.

❹ 바람이 통하는 베보자기나 망사 등으로 항아리의 아가리를 싸고 고무줄로 묶는다.

간장과 된장 가르기^{장 뜨기}

보통 40~60일 정도의 숙성 기간이 지나면 메주와 즙액을 분리한다. 장 뜨는 시기는 장 담근 시기에 따라 조금씩 차이가 있다. 정월 장은 70~80일 정도, 2월 장은 50~60일 정도, 3월 장은 40~50일 정도가 지나면 장을 뜬다. 날이 따뜻할수록 발효기간이 짧다. 또 그 해에 장을 가르지 않는 경우에는 8월에 볕을 더 쬐지 말고 메줏덩이 위에 소금을 하얗게 얹어 겨울을 보낸다. 그리고 이듬해 돌이 되는 달에 간장과 된장을 가른다. 이렇게 하는 것은 된장보다 맛있는 간장을 얻기 위해서이다.

장을 가를 때는 용수가 있으면 가운데 용수를 박고 간장을 떠 낸 후에 메주를 꺼낸다. 그렇지 않을 때는 불은 메주를 부서지지 않게 잘 건지고 항아리 바닥에 남은 메주 부스러기는 체로 밭쳐서 건진다. 건져 낸 메주는 다시 소금을 넣고 버무려 다른 항아리에 꼭꼭 눌러 놓는다.

된장과 분리한 간장은 그 해에 먹을 것이라면 저장성과 맛, 향이 묵은장만 못하니 달인다. 된장과 간장을 가르고 나면 간장은 따로 솥에 넣고 달인다. 간장을 80℃의 온도에서 10~20분 정도 달이는데, 이때 생기

▲ 장 가르기
▼ 된장 뜬 것

는 거품은 걷어 낸다. 간장이 좀 묽다고 생각되면 오래 끓이면 된다. 달인 장은 완전히 식힌 다음 독에 붓고 뚜껑을 덮는다.

개량식 간장 담그기

개량 메주는 인공적으로 만든 종국을 배합하는 과정이 있기 때문에 가정에서 담그기가 어렵다. 그래서 공장에서 대량 생산된 메주를 구입해 쓰는 가정이 많다. 개량 메주를 구입하여 포장된 상태로 그대로 두면 상할 염려가 있다. 장을 담그기 위해 구입한 메주는 먼지나 잡티를 털어 내고 햇볕에 말려 사용한다. 적어도 한나절 정도는 널어 두었다가 냄새가 빠진 후에 사용한다. 개량 메주는 그냥 담그면 콩알이 동동 뜨기 때문에 망사나 소창으로 주머니를 만들어 그 속에 담아서 소금물에 넣는다. 메주콩이 소금물을 흡수하면 부피가 늘어나므로 자루는 메주콩 분량의 두 배 이상 큰 것을 준비한다. 그 외에는 재래식 장 담그는 방법과 같다.

준비한 메주콩을 자루에 담아 아가리를 잘 묶어서 장독에 넣는다. 여기에 미리 풀어 놓은 소금물을 붓고 숯·대추·고추를 띄워 볕이 잘 드는 곳에 둔다.

개량 메주로 간장만 얻으려면 메주 : 소금 : 물의 부피의 비율은 부피로 1 : 1 : 3으로 맞춘다. 예를 들어 메주가 5kg^{소두 1말}이면 소금은 7.5kg^{소두 1말}, 물은 30L^{소두 3말}가 들어가고, 재염일 때는 그보다 적은 소두 9되가 들어가야 한다. 간장과 된장을 함께 얻으려 할 때는 메주 : 소금 : 물의 비율은 부피로 1 : 0.6~0.7 : 2로 맞춘다. 가령 메주가 5kg^{소두 1말}이면 소금은 5kg^{소두 7되}, 물은 20L가 들어가야 한다.

메주를 소금물에 넣은 후 40~50일 정도 숙성시킨 후 자루를 꺼내 즙액은 달여 간장으로 삼는다. 자루에 있던 메주콩은 큰 그릇에 쏟아 소금과 메줏가루 1kg을 넣어 한데 버무린 후 항아리에 담고 며칠 더 익혀서 된장으로 사용한다. 이 메주콩이 짜고 간장 성분이 많이 우러났으면 된장으로 쓰지 않고 버리는 경우도 많다.

장을 가르는 유무에 따른 재료의 배합

	메주	소금	물
간장	5kg	7.5kg	30L
간장과 된장	5kg	5kg	20L

장에서의 계량 단위

1컵 = 200CC = 1홉

소두 1되 = 1L = 5컵 = 5홉

대두 1되 = 2L = 10컵 = 10홉

소두 1말 = 10L = 소두 10되 = 50컵

대두 1말(1동이) = 20L = 소두 20되(대두 10되) = 100컵

메주 크기 : 가로 18cm × 세로 13cm × 높이 7cm

메주 무게 : 900g ~ 1kg

소금 소두 1되 = 700g

진간장 담그기

재래식 간장은 집에서 만들어 먹는 가정이 꽤 있지만, 진간장은 대부분 사 먹는 것이 일반화되어 있다. 그러나 사 먹는 진간장 중에 콩을 순수 발효시켜 만든 것은 많지 않다. 대두박^{콩깻묵}을 재료로 하고, 단백질을 가수분해하여 맛과 색을 내기 위해 인공 감미료와 인공 색소를 첨가하여 만든 화학 간장이 대부분이다. 또는 100% 화학 간장은 아니더라도 양조 간장과 화학 간장을 적당한 비율로 섞은 합성 간장이 많다.

재래식 간장을 담가 먹는 집에서는 진간장도 손쉽게 만들어 먹을 수 있다. 진간장을 만들려면 40~60일 정도의 숙성 기간을 거쳐 된장과 분리해 낸 장물을 달일 때 검은콩과 통멸치, 다시마를 한데 넣고 달이면 된다. 그러면 색은 검어지고 간은 싱거워지며 감칠맛이 나는 진간장이 된다. 원래의 진간장은

담글 때 1년치 필요량보다 넉넉히 담아서 4~5년 이상 묵히면서 햇볕을 잘 쬐어 주면 수분이 자연히 증발하여 새까맣고 끈끈한 진간장이 만들어진다.

겹장이라고 하는 덧장으로 진간장을 만들기도 한다. 겹장은 한 해 전에 미리 담가 놓은 장에다 다시 메주를 넣어 담기 때문에 붙여진 이름이다. 메주의 분량은 간장의 진한 정도에 따라 적절하게 넣는다. 메주를 씻어 말린 후 메주가 겨우 잠길 정도로 미지근한 물을 붓고 뚜껑을 덮어 한나절 둔다. 메주가 충분히 불었으면 항아리에 넣고 지난해에 담근 간장을 독에 가득 차게 붓는다. 이를 다시 40일 정도 숙성시킨 후 메주를 건지고 즙액은 체에 밭쳐 걸러서 겹장을 얻는다.

간장을 지방에 따라 달이기도 하고 그냥 먹기도 하는데 겹장을 걸러내고 남은 메주는 빛깔이 검고 맛이 시큼해 거의 먹지 않고 버린다. 진간장이 잘되었는지는 흰 사기 접시에 한 숟가락 떠 보면 알 수 있다. 빛깔이 불그레한 듯 검은색이 나며 조청처럼 약간 끈적끈적한 농도가 있는 것이 잘된 진장이다.

맛간장

재료 | 간장(정월 장 만든 것) 15리터, 감초 100g, 표고버섯 300g, 검은콩(불려서 사용할 것) 500g, 깐 양파(1개 50g 정도) 10개(500g), 깐 마늘(1개 5g 정도) 30개(150g), 다시마 3장

만드는 법

1 검은콩을 콩의 1.5배 분량의 물을 넣고 삶아서 검은색 물이 충분히 우러나온 후 간장을 붓는다.

2 감초와 표고버섯을 먼저 넣고 2시간 정도 끓이면서 생기는 거품은 계속 걷어 낸다.

3 여기에 양파, 마늘을 넣고 1시간 더 끓인다. 다시마는 오래 끓이면 느르하게 되므로 어느 정도 끓이다가 건져 낸다. 충분히 달여지면 베보자기에 밭쳐 건더기를 걸러 내고 식혀서 항아리에 담아 놓고 먹는다.

조림간장

재료 | 간장 15리터, 감초 100g, 표고버섯 200g, 검은콩(불려서 사용할 것) 200g, 깐 양파(1개
50g 정도) 10개(500g), 깐 마늘(1개 5g 정도) 30개(150g), 다시마 3장, 갱엿 500g, 멸치
다시국물 1리터, 무 500g, 사과·배 각 2개씩

만드는 법

1 맛간장을 만들 때와 마찬가지 방법으로 재료를 넣고 끓인다.
2 양파, 마늘, 다시마를 넣을 때 갱엿, 멸치 다시국물, 무, 사과, 배 등을 더 넣어서 단
맛과 감칠맛을 보강한다.
3 충분히 달여지면 베보자기에 밭쳐 건더기를 걸러 내고 식혀서 항아리에 담아 놓고
먹거나 냉장고에 넣어 조림용 간장으로 사용한다.

2. 된장

재래식 된장 담그기

재래식 장 담그는 법은 메주를 소금물에 넣어 한 번에
간장과 된장을 얻는 방법으로, 비교적 간단하다. 즙액을
따로 모은 간장을 제외하고 남은 것이 바로 된장이다.

메주를 넣고 40일 이상 지난 후 장이 숙성되면 위에
떠 있는 메주는 큰 그릇에 건져 내고 독 바닥에 가라앉
은 메주를 긁어모아 한데 합하여 고루 섞는다. 이때 콩
조각이 드문드문 보여도 상관없다. 간이 싱거운 듯하면
소금을 약간 섞는다. 된장을 담글 항아리는 미리 씻어
서 바싹 말리고, 밑바닥에 소금을 약간 뿌린 후 된장을 담고 위에서 꾹꾹 눌

▲ 항아리에 옮겨 담은
햇된장

러 준다. 반드시 위에 소금을 얹고 항아리 뚜껑을 덮어 둔다. 맑은 날에는 뚜껑을 열어 햇볕을 쬐면서 한 달 정도 두면 숙성하여 맛이 든다. 된장은 너무 오래 두면 짜지고 단단하게 굳는데, 이때 콩 삶은 물이나 순두부물을 부으면 촉촉해진다.

된장 관리법

된장은 보관과 관리를 잘해야 일 년 내내 맛있게 먹을 수 있다. 된장을 뜰 때는 반드시 마른 숟가락이나 주걱을 사용해야 한다. 물 묻은 숟가락으로 장을 뜨면 바로 장이 상하고 맛이 변한다. 또, 필요한 양만 떠내고 빈자리는 채워서 꾹꾹 눌러 위를 편편하게 다지듯이 한다. 여름철에는 망사나 거즈로 장독 입구를 덮고 고무줄로 묶어 두어 파리나 다른 벌레들의 접근을 막는다. 된장의 윗면에 랩이나 비닐봉지를 딱 들러붙게 덮고 소금을 덮어 두면 된장의 색이나 맛이 변하는 것을 조금은 막을 수 있다.

된장에 물이 고이고 곰팡이가 생겼을 때는 먼저 곰팡이와 물을 떠낸 후 큰 그릇에 나머지를 쏟아 곱게 빻은 메줏가루를 더운 물에 버무려서 섞고 소금 간을 약간 세게 한다. 항아리는 씻어서 말렸다가 다시 버무린 된장을 담고 위를 잘 눌러 둔다.

개량식 된장 담그기

장을 담근 지 40~60일이 지나면 자루를 꺼내 간장과 된장을 갈라야 한다. 자루에 들어 있던 메주콩을 절구나 함지에 쏟고 방망이로 대강 으깨고 미리 빻아 놓은 메줏가루를 넣고 잘 섞는다. 간이 싱거우면 소금을 넣고 버무려 항아리에 담는다.

공장에서 만드는 된장 종류로는 쌀된장·보리된장·밀된장이 있는데, 콩 이외의 전분질 곡물분량을 콩 분량의 반 정도로 잡는다. 먼저 보리나 쌀을 물에 충분히 담갔다가 건져서 찜통에 쪄낸다. 이것을 적당히 식힌 후 종국種麴인 누룩곰팡이를 골고루 뿌려 섞는다. 이를 납작한 나무상자에 고르게 펴고 항온기의 온도를 30°C를 유지하도록 맞추고 가끔 위아래를 뒤섞어 주면서 배양시켜서 만든 것을 코지라 한다. 물에 불린 콩을 무르게 삶아 위의 쌀코지나 보리코지에 소금을 한데 잘 섞어서 절구에 찧거나 분쇄기에 넣어 곱게 갈아 장독이나 저장통에 채워서 발효 · 숙성시킨다.

공장에서 만드는 된장의 원료 배합 예로 콩 141kg, 보리 88kg, 종국 80g, 소금 79kg, 물 15L를 섞어 숙성시키면 375kg의 된장이 생산된다. 된장이 익으면 살균하여 적량으로 규격 포장하여 시중에 판매하는 것이다.

가정에서 개량 된장을 담글 때 보리코지를 이용하면 재래 된장과는 다른 별미의 된장을 만들 수 있다. 먼저 보리코지를 만들고, 보리쌀을 2~4시간 불려서 시루에 살짝 찐 다음 40~45°C 정도까지 식힌 후 종국인 누룩곰팡이를 섞어서 고루 비벼서 섞는다. 보리쌀 1말에 종국은 10~15g 비율로 섞는다. 누룩곰팡이를 섞은 보리쌀을 5cm 정도의 두께로 나무상자에 펴서 담아 20~30°C로 보온하여 하루쯤 두면 흰곰팡이가 피고, 이어서 노랗게 변하여 파란색이 돌기 시작하면 완성된 것이다. 이를 햇볕에 잘 말려 두었다가 필요할 때 쓰면 된다. 곧바로 된장을 담그려면 소금을 섞어 둔다.

된장을 담그려면 장 담그기 하루 전에 보리코지에 소금을 섞어서 재워 놓고, 콩은 삶아서 절구에 찧고 30~40°C 정도로 식힌 후 보리코지와 함께 버무려 항아리에 담고 위에 소금을 고루 뿌린 후 볕을 쬐면서 익힌다. 된장을 담근 후 한 달 후쯤 바로 먹으려면 콩 1말에 보리코지 10kg, 소금 소두 7되의 비율로 섞고, 더 오래 두고 먹으려면 보리메주의 양을 줄이고 소금의 양은 늘린다.

3. 고추장

고추장의 재료

고추장은 대개 날이 더워지기 전인 3~4월에 담근다. 고추장을 담글 때 어떤 곡물을 사용하느냐에 따라 찹쌀고추장, 밀가루고추장, 보리고추장, 고구마고추장 등으로 나뉜다. 한 집안에서도 고추장을 2~3가지 정도 만들어 두고 음식의 용도에 따라 구별하여 쓰기도 하였다. 이중 찹쌀고추장은 귀하게 여겨 초고추장을 만들거나 색을 곱게 내야 할 때에만 썼다. 밀가루고추장은 찌개나 된장국을 끓이거나 채소를 고추장에 박아 장아찌를 만들 때 썼고, 보리고추장은 여름철에 쌈장으로 먹을 때 썼다.

고추장은 넣는 재료나 간의 세기, 보관 장소에 따라 숙성되는 시간에 차이가 난다. 대개는 고추장을 담가 항아리에 담아 가끔 햇볕에 쬐면서 숙성시키면 한 달 후에 먹을 수 있다. 고추장은 해가 지난 것은 먹지 않는다. 매년 새로 담가 먹고 해묵은 고추장은 장아찌용으로 쓰면 좋다. 고추장 재료로는 고춧가루, 메줏가루, 전분질이 많은 곡물이나 감저류, 엿기름가루, 소금이 있다. 고추장은 무엇보다 고춧가루의 빛에 크게 좌우된다.

고 추 가을철에 고추의 색이 곱고 단맛이 나면서도 매운 것으로 골라서 씨는 모두 털어 내고 곱게 빻아 둔다.

▲ 고춧가루

엿기름　엿기름은 하룻밤 물에 불렸다가 건진 겉보리를
시룻밑에 깔고 펴서 위에 젖은 검은 보를 덮어 두면 며칠
후에 싹이 나온다. 싹이 나오면 콩나물을 기르듯이 물을
주어 길이가 원래 보리만큼 자라면 잘 비벼서 멍석에 펴
말린다. 말린 엿기름을 맷돌에 갈아서 가루로 만든다.

▲ 엿기름

소 금　고추장에 간을 할 때는 보통 재염^{꽃소금}을 쓴다. 되
직한 고추장에 굵은 호렴을 넣으면 잘 녹지 않을 뿐만 아니
라 쓴맛이 나므로 적당하지 않다. 설탕처럼 아주 고운 정
제염은 순도가 너무 높아서 간을 맞추기가 어렵다. 고추장 반죽에 들어간 소
금은 잘 녹지 않으므로 고추장 버무릴 때 한꺼번에 넣지 않고 2~3일에 걸쳐
3~4차례로 나누어서 간을 한다. 고추장 반죽이 너무 되직하면 간장을 섞어서
간을 맞추기도 하는데, 이때는 꼭 달인 간장을 써야 한다.

　고추장의 재료 배합비율은 찹쌀이나 전분 곡물가루가 소두 1말이면 메줏가
루 소두 1되^{5컵}, 고춧가루 2되, 엿기름가루 3~4컵, 소금 6~8컵 비율로 섞으면
된다. 고추장을 맵게 담그려면 매운 품질의 고춧가루를 많이 넣으면 된다. 엿
기름가루를 많이 쓰면 고추장이 묽어지고, 전분질이 많으면 되직한 고추장이
되므로 기호에 따라 재료의 비율을 가감한다.

고추장 담그기

찹쌀고추장은 맛이 좋고 농도가 되직하여 오래 두고 먹어도 변하지 않는다는
장점이 있지만 옛날 방식으로 담그려면 힘이 들고 번거롭다.

　먼저 불린 찹쌀을 가루로 만들어 뜨거운 물로 익반죽하여 가운데 구멍이
있는 도넛 모양으로 구멍떡을 빚는다. 물이 펄펄 끓을 때 구멍떡을 넣고 다 익

어 떠오르면 건져 큰 양푼에 담은 후 방망이로 힘껏 저어서 고르게 푼다. 떡 삶은 물을 조금씩 넣으면서 멍울 없이 매끈하게 푼 뒤 메줏가루, 고춧가루, 소금의 순서대로 넣는다. 이 같은 방법으로 찹쌀고추장을 담글 때는 엿기름을 쓰지 않는다.

근래에는 찹쌀고추장을 옛날 방식대로 떡을 치대서 만들지 않는다. 주로 찹쌀가루를 엿기름물에 삭혔다가 끓여서 쓰는 간단한 법을 이용한다. 이 엿기름물에 찹쌀가루를 풀어 잠시 두었다가 불에 올려서 끓이고 삭아서 말갛게 되면 불을 줄이고 서서히 달이면 점차 검은 빛이 된다. 자칫하면 끓어 넘치거나 바닥이 눋기 쉬우므로 나무주걱으로 저어 가면서 오래 달인다. 그런

▲ 찹쌀고추장 만드는 과정
1. 찹쌀고추장 재료
2. 찹쌀가루에 뜨거운 물을 부어 말랑말랑하게 반죽한 뒤 손바닥만 하게 둥글게 만들고 가운데 구멍을 뚫어 빚는다.
3. 삶아 낸 떡을 큰 양푼에 쏟고 떡 삶은 물을 부으면서 방망이로 응어리 없이 푼다.
4. 식으면 메줏가루와 고춧가루를 넣고 주걱으로 젓는다.
5. 소금으로 간한다.
6. 고추장 단지에 넣기 전 완성된 찹쌀고추장

후 큰 그릇에 쏟아 부어 식힌 후 메줏가루를 넣어 고루 섞고, 고춧가루를 넣어 고루 섞고 끝으로 소금으로 간한다. 바로 단지에 넣지 않고 다음날 다시 소금 간을 더 한 후 넣는다.

찹쌀고추장 Ⅰ

재료 | 찹쌀 10컵, 메줏가루 3컵, 고춧가루 7~8컵, 엿기름가루 5컵, 소금 3컵, 물 15~20컵

만드는 법

1 찹쌀가루에 물을 부어 말랑말랑하게 반죽한 뒤 손바닥만 하게 둥글게 만들고 가운데 구멍을 뚫어 빚는다. 펄펄 끓는 물에 넣어 삶아서 떠오르면 큰 양푼에 건진다.
2 떡 삶은 물을 부으면서 방망이로 응어리 없이 푼다.
3 식으면 메줏가루와 고춧가루를 넣고 주걱으로 젓는다.
4 소금으로 간한다.

찹쌀고추장 Ⅱ

재료 | 찹쌀식혜 엿물 400g(엿기름 1.6kg, 물 6L, 찹쌀가루 1kg), 고운 고춧가루 400~500g, 메줏가루 200g, 소금 300g

만드는 법

1 엿기름가루를 물에 빨아 고운체에 걸러 가라앉혀 웃물만 받는다.
2 엿기름물에 찹쌀가루를 넣고 섞어 5~6시간 따뜻하게 두어 삭힌 후 불에 올려 갈변이 되며 반쯤 줄 때까지 졸인 다음 차게 식힌다.
3 식힌 엿물에 메줏가루와 고춧가루, 소금을 넣고 고루 저어 섞는다. 되직하면 남은 엿기름물이나 끓여 식힌 물로 조절한다.
4 그대로 두었다가 간을 보아 소금 간을 더하고 단지에 담고 웃소금을 얹는다.

* 찹쌀 식혜고추장 제조 분량비율은 찹쌀 1말에 고춧가루 22~23근(고추 30근), 메줏가루 8kg이다.

* 식혜고추장은 달기 때문에 조림이나 쌈장에 이용하면 좋으나 찌개용으로는 부적합하다. 찹쌀가루를 식혜에 넣으면 삭아서 밀가루 물처럼 된다. 삭힌 물을 최소한 절반 분량으로 졸일 때까지 웃물이 지지 않게 갈변되도록 조린다. 식혜고추장의 숙성속도는 빠르다.

* 찹쌀가루 식혜는 엿기름 1.6kg에 물 6L을 부어 바락바락 주물러 건더기는 버리고 국물만 4~5시간 정도 가라앉힌 후 웃물만 따라서 쓴다. 엿기름물이 3L 정도가 되는데, 여기에 찹쌀가루 1kg과 물 2L를 섞어서 보온밥통에서 하루 저녁 정도 재운다.

찹쌀고추장 Ⅲ

재료 | 찹쌀 3되, 멥쌀 1되, 고춧가루 15근, 메줏가루 2되, 엿기름 2되, 물 2말, 소금 1되

만드는 법

1 찹쌀과 멥쌀을 씻어 불려서 빻아 가루를 체에 내린다.
2 엿기름에 물을 부어 불렸다가 주물러 빨아 고운 체나 면보에 밭쳐 말끔히 짠다.
3 엿기름 거른 물에 쌀가루를 풀어 계속 저으면서 전체의 6할이 될 때까지 은근한 불로 엿을 고듯이 조린다. 5시간 이상 걸린다.
4 큰 그릇에 쏟아 한 김 나가도록 식힌 후 호렴(3~4년 지나 간수가 빠진 것)을 넣고 저어 녹인다.
5 고운 고춧가루와 메줏가루를 넣고 주걱으로 잘 섞은 후 고추장 단지에 채우고 고운 면보로 덮어 간수한다.

엿고추장

재료 | 메줏가루(고추장용) 400g, 쌀조청 2kg, 고운 고춧가루 800g, 소금(천일염) 300g, 끓인 물

만드는 법

1 쌀조청을 동량의 물을 넣고 끓인 후 식힌다.
2 식힌 조청에 메줏가루, 고춧가루를 섞고 팔팔 끓인 물을 조금씩 넣으면서 되직하게 되지 않도록 푼다.
3 소금을 넣고 그대로 두었다가 2일 정도 지나면 다시 간을 맞추고 단지에 넣는다.

* 엿고추장은 조청만 있으면 되므로 다른 고추장에 비해 만드는 법이 가장 쉽다. 고춧가루가 가장 적게 들어가는데, 조림이나 떡볶이를 만들 때 이 고추장을 쓰면 좋다. 빛깔도 좋고 다른 고추장에 비해 단맛이 많이 난다.
* 고추장이 괴거나 곰팡이가 나는 것을 염려하여 처음부터 물 대신 소주를 넣기도 한다.

밀가루고추장

밀가루고추장은 가장 흔하게 담가 먹는 고추장으로, 만드는 법은 앞의 찹쌀고추장에서 찹쌀가루를 엿기름물에 풀어서 만드는 법과 동일하다. 밀가루를 푼 엿기름물을 달여서 메줏가루와 고춧가루를 넣어 버무리고 소금을 넣어 간을 맞춘다. 항아리에 담은 후 위에 덧소금을 뿌리고 망사나 거즈로 덮어서 햇볕에 놓고 익힌다.

◀ **밀가루고추장 만드는 과정**
1. 밀가루고추장 재료
2. 엿기름을 주물러 빨아 고운 체에 내린다.
3. 엿기름물에 밀가루를 푼다.
4. 솥에 올려 주걱으로 저으면서 달인다.

재료 │ 밀가루 6kg, 엿기름 3되, 고춧가루 2.5kg, 메줏가루 1되, 소금 6컵, 물

만드는 법

1 엿기름을 물에 불려 손으로 치대면서 빨아 체에 거른다.

2 엿기름물에 밀가루를 넣고 삭힌다.

3 주걱이 돌아갈 정도로 밀가루가 삭으면 불에 올려 엿을 고듯이 오래 달인다.

4 단맛이 나고 묽은 조청처럼 고아지면 한 김 식힌 후 메줏가루를 넣고 더 식혀서 고 춧가루를 넣는다.

5 하룻밤 재웠다가 소금으로 간을 맞추어 항아리에 담아 수주일 익힌다.

* 밀가루로 풀을 쑤어서 엿기름가루를 섞어 삭힌 것을 끓여 사용하는 방법도 있다. 밀가루고추장은 가장 쉽게 담그는 대중적인 고추장이므로 어디에나 쓰인다.

보리고추장 I

보리고추장을 옛날 방식 그대로 담그려면 먼저 보리를 가루로 빻아 시루에 쪄 내어 따뜻한 곳에서 띄워야 한다. 푹 찐 보릿가루를 식혀서 소쿠리에 담아 따뜻한 곳에 4~5일 두면 노랗게 뜬다. 이것을 쏟아 고춧가루와 메줏가루를 싹싹 비비면서 섞어 소금으로 간을 맞춘다. 요즘에는 보리를 가루로 내어 쪄서 엿기름물로 풀고, 이것이 삭으면 고춧가루와 메줏가루를 넣어서 버무리는 손쉬운 방법으로 만든다. 보리고추장은 단맛이 적으며 다른 고추장에 비해 칼칼하고 구수해 쌈장으로 많이 먹는다.

재료 | 보리쌀 1말, 고춧가루 7되, 메줏가루 2되, 소금 2되, 엿기름 1되

만드는 법

1 보리쌀은 깨끗이 씻어 햇볕에 말려 맷돌에 거칠게 간다.

2 엿기름은 물에 불려 체에 거른다.

3 보리쌀 간 것에 엿기름물을 축여서 시루에 뜸이 들도록 푹 찐다.

4 넓은 그릇에 살살 쳐서 담고 면보에 엎어 훈훈하고 따뜻한 곳에 둔다.

5 다음 날에는 환기를 시켜 주고 한 번 헤쳐 준 후 두꺼운 담요를 덮어 5일 가량 두면 진이 나며 뜬다.

6 온도에 따라 5~7일 띄운 후 고춧가루, 메줏가루를 넣고 소금으로 간한다. 싱거우면 다음날 간장으로 간을 해도 좋다.

보리고추장 Ⅱ

재료 | 보리 3kg, 고춧가루 2kg, 소금 적당량

만드는 법

1 보리쌀은 6시간 정도 물에 불려서 찜통이나 시루에 고슬고슬하게 찐다.
2 함지박에 펼쳐 한 김 나가게 후 따뜻한 곳에 모포를 덮어 두고 하룻밤을 띄운다.
3 하루가 지나 펴 보아 보리밥이 다 떠서 삭으면 주걱 또는 손으로 하나하나 뒤집어서 다독다독 해 놓는다.
4 3~4일 지나 걸쭉한 죽이 되면 제대로 뜬 것이다. 이 때 맛을 보면 달다.
5 다 뜬 보리밥에 고춧가루와 소금을 약간 넣고 주걱이 되직하게 들어가기 좋은 상태로 고추장 농도를 맞춘다(너무 될 경우는 끓여 식힌 물을 넣어 조절한다.).
6 3일간 함지박에서 하루 2~3번 정도 저어 주고 간을 해 항아리에 담는다.

* 보리고추장은 익을수록 점점 되직해지므로 처음에 농도를 조금 묽게 해서 항아리에 담는다. 이 방법은 전라도 화순의 고추장으로, 칼칼한 맛이 특징이다.

보리고추장 Ⅲ

재료 | 보리쌀 1말, 고춧가루 6kg, 소금 6kg, 메줏가루 5kg, 엿기름 4되

만드는 법

1 보리쌀은 깨끗이 손질하여 곱게 빻아 놓는다.
2 엿기름은 하루 전에 물에 불려 체에 거른다.
3 엿기름물에 보리쌀가루를 넣고 3~5시간 정도 삭힌다.
4 보리쌀이 삭으면 주걱으로 저으면서 눋지 않도록 끓인다. 처음 분량의 반 정도로 줄면 맑은 조청처럼 거무스름하며 단맛이 나게 된다.
5 넓은 그릇에 보리쌀 달인 것을 붓고 한 김 나간 후 메줏가루를 넣고 고춧가루를 넣는다.
6 반죽이 되면 끓는 물을 식혀 부으면서 농도를 맞추고 소금 간을 2~3회 정도로 나누어 맛을 보면서 한다.

* 알맞은 항아리에 고추장을 가득 담고 맨 위에 황설탕을 살살 뿌려 햇볕이 잘 드는 곳에서 익힌다.

대추 찹쌀고추장

재료 | 찹쌀 2되, 대추 3되, 메줏가루 1kg, 고춧가루 3근, 엿기름 2되, 메주콩 1되, 찹쌀 300g, 소금·물 적당량

만드는 법

1 메주콩을 5시간 정도 불려 푹 삶아서 하루 정도 더운 곳에 놓아 살짝 발효시킨 다음 햇볕에 말린 후 방앗간에서 빻는다.
2 찹쌀 2되는 5시간 정도 불렸다가 고들고들 쪄서 햇볕에 말렸다가 방앗간에서 빻는다.
3 고추도 잘 씻어서 햇볕에 말려 방앗간에서 빻아 놓는다.
4 엿기름은 물에 담가 불린 후 체에 걸러 받쳐 둔다(약 2.5L 정도).
5 대추는 3~4시간 고아 체에 으깨어 걸러 받쳐 둔다(씨, 겉껍질만 남도록).
6 엿기름 거른 물에 대추 고은 것을 합하여 4시간 정도 졸인다.
7 찹쌀 300g은 5시간 정도 불려서 방앗간에 빻아서 경단을 만들어 끓는 물에 삶아 건져 놓는다.
8 찹쌀 경단을 치대어 풀면서 조린 대추 엿물을 넣는다.
9 찹쌀 경단이 잘 풀렸으면 여기에 고춧가루와 메줏가루를 넣어 잘 섞은 후 소금으로 간해 항아리에 넣는다(간할 때 간장을 조금 넣으면 빛깔이 더욱 좋아진다.).
10 항아리를 햇볕에 잘 쪼여 익힌다.

찹쌀 마늘고추장

재료 | 찹쌀 4kg, 마늘 50통, 고춧가루 5근, 대추 2kg, 소금 1되, 메줏가루 4되, 고추장 메줏가루(메주콩 3되, 찹쌀 2되, 메줏가루 4되)

만드는 법

1 고추장 메줏가루를 만든다. 메주콩을 하루 정도 물에 담갔다가 푹 삶고 더운 곳에 놓아 1~2일 띄워서 햇볕에 말린 후 빻아 놓는다.
2 찹쌀은 5시간 정도 물에 담갔다가 고슬하게 찐 다음 말린 후 빻는다.
3 엿기름은 물에 불려 체에 밭치고 대추는 4시간 정도 푹 삶아 곱게 체에 밭쳐 거른 다음 엿기름과 배합하여 3~4시간 졸인다(4L 정도).

4 찹쌀 2되를 5시간 정도 물에 불려 빻아 경단을 만든다. 끓는 물에 삶아 건져 엿기름 달인 물로 잘 혼합하여 완전히 푼 다음 식혀 놓는다.

5 마늘을 곱게 갈아 경단 푼 엿물에 섞고 고춧가루, 메줏가루, 고추장 메줏가루를 잘 섞어 소금으로 간한다. 항아리에 담고, 맨 위에 소금을 살짝 뿌려 햇볕에 쪼여 익힌 다음 먹는다.

* 보리고추장, 찹쌀고추장은 익어야 먹지만 마늘고추장은 바로 먹어도 좋다.

고추장 관리

간장이나 된장은 담근 후 바로 뚜껑을 덮어 두었다가 3~4일 후에 날씨가 좋은 날을 택해 볕을 쬐기 시작하지만, 고추장은 하룻밤 김이 나가게 두었다가 다음 날 뚜껑을 덮는다. 고추장은 익힌 재료를 바로 버무린 것이어서 바로 뚜껑을 덮으면 더운 김이 완전히 빠지지 않아 습기가 찬다. 고추장 항아리는 되도록 입이 좁은 것을 택한다. 고추장이 공기에 노출되면 색이 검어지고 맛도 나빠진다. 또, 흰색의 '곱'이라고 하는 산막효모가 번식하기 때문에 날씨 좋은 날에는 뚜껑을 열어 햇볕을 쬐면 이를 방지할 수 있다.

고추장은 잘못되면 담근 지 얼마 안 되어 부글부글 끓어 넘치거나 흰곰팡이가 피기도 한다. 이 같은 현상이 생기는 원인은 여러 가지가 있다. 고추장을 담글 때 엿기름에 전분을 넣어 충분히 오래 달이지 않았거나 소금 간이 너무 싱거운 경우, 고추장 항아리를 잘 간수하지 못하여 빗물이나 물이 들어간 경우이다. 고추장이 부글부글 끓어올라 넘칠 때는 고추장을 전부 솥에 쏟아 붓고 뭉근한 불에서 달인 후 소금을 약간 더 넣어 주면 된다. 또는 고추장을 솥에 쏟고 더운 식혜를 넣어 불에 올려 놓고 서서히 끓이면 맛을 되살릴 수 있다.

고추장은 단지에 담은 후에도 얼마 동안은 계속 저어 주는 것이 잘 익게 하는 방법이며, 끓어오르는 것을 방지하고 간도 고루 맞출 수 있는 비결이다. 특히 여름철에는 고추장에 곰팡이가 피기 쉬우므로 망사나 거즈로 항아리를 덮어서 가끔 햇볕을 쬐어 주고, 장마철에는 반드시 웃소금을 얹고 습기가 차지 않도록 주의하여 관리한다.

4. 별미장

청국장

된장은 발효시켜서 먹기까지 몇 달이 걸리는 반면, 청국장은 담근 지 2~3일만 지나도 바로 먹을 수 있다. 발효시킨 콩을 그대로 먹게 되므로 영양의 손실이 적어 우리 몸에 이롭다. 예전부터 재래 된장은 만드는 데 시일이 많이 걸리고 간이 세며 맛도 덜한지라 따로 속성 된장을 만들어 먹었다. 속성장으로는 담북장, 퉁퉁장, 막장 등이 있는데, 지방에 따라서 청국장을 퉁퉁장 또는 담북장이라고 부르기도 한다.

청국장은 대개 메주 쑤기를 할 때 삶은 콩을 조금 덜어서 따로 만들기도 하고 일부러 콩을 삶아서 담그기도 한다. 청국장은 다른 장과는 달리 만들기가 수월하고 바로 띄워서 먹을 수 있어 아파트나 도시에서도 손쉽게 만들 수 있

◀ 띄운 콩 찧기
▶ 청국장찌개

다. 청국장을 발효시키는 균은 볏짚에 많이 묻어 있으므로 이를 이용하면 좋다. 콩과 볏짚만 있으면 만들 수 있으므로 미리 볏짚을 얻어 깨끗이 씻어 말려 두면 언제든지 만들 수 있다. 볏짚은 햇것보다는 일 년 묵은 것이 균이 더 잘 생긴다. 도구로는 시루나 소쿠리, 헌 담요가 필요하다.

재료 | 메주콩 10컵, 다진 마늘 2큰술, 다진 생강 2큰술, 고춧가루 1컵, 물 15컵, 소금 2컵

만드는 법

1 메주콩을 깨끗이 씻어 반나절 이상 물에 불린 후 솥이나 큰 냄비에 담고 물을 넉넉히 부어 삶는다.

2 삶는 도중에 가끔 나무주걱으로 위아래를 잘 섞어 밑바닥이 눌어붙지 않게 한다. 콩알이 잘 뭉그러지고 약간 붉은 빛이 돌면 충분히 삶아진 것이므로 소쿠리에 쏟아서 물기를 뺀다.

3 넓적한 빈 그릇 위에 시루나 소쿠리를 얹고 깨끗한 볏짚을 한 켜 깔고 삶은 콩을 한 켜 놓는다. 다시 볏짚과 콩을 번갈아 놓고 맨 위는 보자기로 잘 덮고 전체를 헌 옷이나 담요로 둘러싸서 40~45°C 정도의 따뜻한 곳에 둔다. 띄울 때 유별난 냄새가 나므로 청국장을 자주 만들어 먹는 집에서는 청국장을 띄울 때 쓰는 전용 담요를 따로 정해 두고 쓰면 좋다.

4 2~3일이 지나면 삶은 콩이 흰색의 옷을 입으면서 끈끈한 점질이 생겨 숟가락으로 떠 보면 실이 나기 시작한다. 나무주걱으로 콩의 위아래를 고루 뒤섞어 발효가 고르게 되도록 한 다음 하루 정도 더 둔다. 실이 많이 난다고 반드시 좋은 것은 아니다. 청국장은 지나치게 띄우면 시큼하고 고리타분한 냄새가 난다.

5 잘 띄운 콩을 절구나 큰 그릇에 쏟아 붓고 콩알이 반 정도만 으깨질 정도로 찧는다. 이때 다진 마늘이나 생강, 고춧가루 등을 약간씩 넣고 소금으로 간을 약하게 맞춘다.

6 으깬 청국장은 단지나 밀폐 용기에 꾹꾹 눌러 담은 후 서늘한 곳이나 냉장고에 보관한다. 먹을 때는 신김치와 두부는 건지로 하고 멸치나 쇠고기를 넣어 심심하게 찌개를 끓인다.

막 장

막장은 막 담아서 빨리 먹을 수 있기 때문에 막장이라고 하는데, 일종의 속성 된장이다. 지역에 따라 각 집안 솜씨에 따라 만드는 법과 만드는 시기가 다르다. 메주를 빠개서 가루를 내어 담았다고 해서 빠개장 또는 가루장, 빡도장, 지레장 등으로 불리기도 한다. 일반적으로 된장은 간장을 거른 후의 부산물로 만들지만 막장은 처음부터 담그는 시기나 쓰이는 메줏가루 등을 집집마다 전해 내려오는 방법으로 만든다. 메줏가루를 갈아 담그기 때문에 맛과 영양적으로도 우수하다. 주로 쌈장으로 많이 쓰이고 수육이나 편육을 찍어 먹는 양념장이나 생선회로 물회를 만들 때에 양념으로 쓰인다.

막장용 메주는 콩으로만 메주를 쑤지 않고 전분질을 섞어서 막장용 메주를 따로 쑤기 때문에 오래 띄우지 않아도 된다. 밀이나 멥쌀, 보리 등의 전분질을 섞으면 당분이 분해되어 발효가 빨리 진행되고 단맛도 많이 난다. 막장용 메주는 콩, 멥쌀, 보리 등의 전분질을 따로 익혀 합하여 만든다. 쌀은 불려서 가루를 내어 흰무리로 쪄서 쓰고 보리쌀은 밥을 짓거나 쪄서 사용한다. 콩은 무르게 삶고, 절구에 찧을 때 준비한 익힌 곡물을 한데 섞은 후 주먹만 하게 메주를 만들어 속이 노랗게 되도록 잘 띄워서 가루로 빻는다.

요즘은 쉽게 담는 장으로 일부러 막장용 메주를 만들지 않고 보통 쓰는 장 메주를 쓰거나 말린 청국장 알콩을 가루로 내어 버무릴 때 찰밥, 찹쌀죽, 보리밥, 보릿가루, 밀가루죽을 형편대로 섞는다. 빨리 익게 하기 위해 엿기름을 쓰기도 한다. 막장을 담글 때는 메줏가루에 미지근한 물을 부어서 불어나면 소금과 고추씨가루 또는 고춧가루를 약간 넣어 한데 버무려서 항아리에 담아 익힌다. 담근 지 한 10일 정도 지나면 먹을 수 있으므로 간은 약하게 한다.

▶ 막장 만드는 과정

1. 재료 준비하기
2. 메줏가루에 물 부어 버무리기
3. 소금 넣어 섞기
4. 메줏가루, 삶은 콩, 고추씨가루를 고루 섞기

막장

재료 | 메줏가루 2kg, 소금 3컵, 고추씨가루 1컵, 흰콩 3컵

만드는 법

1 메줏가루에 물을 부어 버무려 놓는다.

2 불어난 메줏가루에 필요한 전체 소금 양의 반만 넣고 섞는다.

3 메줏가루와 삶은 콩, 고추씨가루를 고루 섞고 남은 소금으로 간을 맞춘다.

보리막장

재료 | 메줏가루 2kg, 보리쌀 2컵, 고추씨가루 1/2컵, 소금 3컵, 물

만드는 법

1 메줏가루에 물을 부어서 버무려 놓는다.

2 보리쌀을 씻어 불렸다가 밥을 무르게 지어 절구에 넣고 대강 찧는다.

3 2에 메줏가루를 섞고 소금과 고추씨가루를 한데 버무려서 항아리에 담아 익힌다.

▶ 보리막장

찹쌀막장

재료 | 알콩메주 3.5kg, 현미찹쌀 2컵, 물 2L, 소금 1컵, 고추씨

만드는 법

1 시판하는 알콩메주를 준비한다. 없을 때는 콩을 무르게 삶아 청국장처럼 실이 나게 띄웠다가 말린다.

2 알콩메주를 반은 믹서에 한 번만 거칠게 갈고 반은 물을 잘박하게 부어 불린다.

3 현미찹쌀을 불려서 건져 빻아 가루로 만든다.

4 찹쌀가루에 물을 부어 풀어서 불에 올려 풀을 멀겋게 쑤어 큰 그릇에 쏟아 식힌다.

5 죽이 식어 손을 넣어 따뜻한 정도가 되면 소금을 넣어 녹이고, 거칠게 간 메줏가루와 불린 메주콩을 넣고 주걱으로 고루 섞이도록 한참 젓는다.

▶ 알콩메주

6 3~4일 정도 뚜껑을 덮어 두었다가 되기를 보아 뻑뻑하게 되면 끓인 물을 식혀 조금씩 넣으며 푼다. 소금도 이때 더 넣는다. 주걱으로 떨어뜨려 뚝뚝 떨어지는 정도가 되면 항아리에 담고 다독거려 서늘한 곳에 둔다.

* 김장을 하고 동지섣달 안에 담그면 좋으며 소금이 적게 든다. 봄에 담그면 일기가 더워져 소금이 배로 든다.

▲ **찹쌀막장 만드는 과정**
1. 재료 준비하기
2. 찹쌀풀 쑨 것 섞기
3. 잘 섞이도록 계속 젓기

집장

집장 汁醬, 什醬은 지방마다 재료가 조금씩 다르긴 하지만 충청도, 전라도, 경상도 등 중부 이남 지방에서 만들어 그대로 반찬으로 하는 별미장이다. 집장은 된장처럼 여러 달 발효시키는 것이 아니라 담가서 바로 먹는 속성장으로, 채소를 많이 넣고 담그기 때문에 채장이라고도 하고, 삭은 집장의 색이 검은색이라서 검정장이라고도 부른다. 집장을 담그는 시기가 특별히 있는 것은 아니지만 보통 늦가을이나 초겨울, 즉 끝물인 채소를 갈무리하면서 많이 담근다. 지방에 따라서는 여름이나 정월에 담그기도 한다.

메줏가루에 오이, 가지, 고추 등의 채소와 엿기름을 넣고 버무려서 따뜻한 곳에 두어 7~8시간 두어 속성으로 발효시킨다. 채소를 많이 넣고 담그기 때문에 시간이 지나면 시큼해지고 맛도 변하므로 조금씩 만들어 바로 먹어야 한다.

집장은 16세기 말엽 《주방문酒方文》에도 나와 있는 것으로 보아 그 역사가 오래 되었을 것으로 추정하고 있다. 옛날에는 일반적으로 널리 해 먹던 장인데 지금은 거의 자취를 감추어서 그 맛도 잊혀질 정도이다. 아직도 드물게 집장을 해 먹는 집이 있는데 그 맛이 별미라서 다음과 같이 칭송하였다.

'혀끝에서 감기는 상큼한 맛, 된장 맛이 나나 하면 그도 아니고 달콤하다 싶으면 그도 아니고 무슨 과즙을 삭혀 놓았는지 그저 입안에 갖가지 묘한 맛이 가득하다.'

'막 익어서 따끈따끈한 집장은 콩, 밀, 무의 달착지근한 맛이 어우러져 입안에서 부드럽게 퍼지고, 가지, 호박은 잘근잘근 씹히어 맛이 재미있다.'

집장의 장은 부드러운 크림 상태의 된장이고 안에 들어간 고추, 가지, 무 등의 채소들은 사근사근한 감촉을 그대로 가지고 있어 감칠맛이 난다. 그대로 먹거나 쌈장으로 쓰기도 한다.

집장메주 만들기

집장을 제대로 담그려면 그 용도에 맞게 집장메주를 따로 만들어야 한다. 장은 보통 메주콩으로 만들고, 고추장용 메주는 메주콩에 쌀을 섞어 만들지만 집장메주는 통밀이나 보리쌀을 넣어 만든다.

먼저 콩을 씻어서 삶고 무르고 콩 색깔이 누렇게 되어 알맞게 무르게 익었으면 씻은 밀이나 보리쌀을 넣고 함께 삶다가 윗물이 없어질 때쯤 불을 줄여 타지 않게 해서 뜸을 들인다. 삶은 콩과 밀, 보리쌀을 절구에 쏟아 서로 잘 뭉쳐지게 찧는다. 식어서 굳기 전에 주먹만 하게 둥글게 빚는다. 소쿠리에 베보자기를 깔고 다시 짚을 깐 뒤 그 위에 메줏덩이를 가지런히 놓고 위를 두꺼운 담요나 헝겊으로 덮어서 따뜻한 곳에 둔다. 3~4일쯤 지나 발효되어 겉이 끈끈해지면 꺼내서 볕에 말리고 다시 소쿠리에 담아 덮어 두었다가 꺼내어 말리기를 서너 번 반복한다. 볕이 좋은 때는 하루나 이틀이면 된다. 이렇게 하여 속까지 잘 뜨면 성글게 가루로 빻아 사용한다. 집장용 메줏가루가 없으면 굵게 빻은 보통 메줏가루를 써도 된다. 보리나 밀 대신에 밀가루를 넣어서 만들기도 하는데 통밀가루가 좋다. 콩이 다 물러서 뜸들 때쯤 위에 얹어서 함께 쪄서 익히면 된다.

채소 준비하기

집장에는 채소가 많이 들어가므로 미리 준비한다. 무, 당근, 오이, 우엉 등 단단한 채소는 손가락 굵기만 하게 썰어서 소금이나 진간장에 절인다. 가지나 호박은 소금에 절이거나 오가리처럼 썰어 말린다. 그 외 풋고추, 고춧잎, 토란대 등도 쓸 수 있으나 이들 채소들은 날것을 그냥 넣으면 물러지기 쉬우므로 말리거나 소금, 간장에 절여서 수분을 뺀 후에 쓴다. 간장 장아찌로 박아 두었던 채소들은 그대로 써도 된다. 말린 채소는 꾸덕꾸덕할 정도로 수분이 남은 것은 그대로 쓰고, 바싹 마른 것을 물에 불렸다가 꼭 짜서 대강 썰어서 넣는다.

집장 만들기

일단 찹쌀을 씻어서 불린 후 물을 4배 정도 넣어 질척하게 죽처럼 밥을 짓는다. 밥이 뜨거울 때 큰 그릇에 쏟고, 메줏가루·엿기름을 넣어 고루 섞은 후에 준비한 채소를 넣고 버무린다. 이어서 고춧가루와 다진 마늘을 조금 넣고 소금이나 간장으로 간을 맞추어 작은 항아리에 담아 띄운다.

옛날에는 일정한 온도를 유지하기 위해서 퇴비를 썩히는 두엄이나 잿불 남은 곳에 묻어 일주일 정도를 삭혔다. 항아리 아가리를 기름종이로 단단히 봉하고 열을 받았을 때 터지지 않도록 겉에 진흙을 고루 바른 후 잿더미 속에 묻어 익혔다.

집장은 찹쌀밥이 다 삭고 장맛이 달착지근하며 무가 먹기 좋게 물렁해졌으면 다 뜬 것이다. 요즘에는 전기밥솥을 이용하면 손쉽게 만들 수 있다. 보온 상태에 두고 10시간 정도 두면 충분히 삭는다.

재료 | 메주콩 5컵, 밀(보리쌀) 3~5컵, 찹쌀 2~3컵, 엿기름 1/2컵, 고춧가루, 마늘, 여러 가지 채소

만드는 법

❶ 집장 메주 만들기

1 콩을 불려서 푹 삶다가 불린 통밀(보리쌀)을 얹는다.

2 윗물이 없어지면 불을 줄여 뜸을 푹 들인다.

3 절구에 쏟아 찧어서 진이 나고 뭉쳐지면 주먹만 하게 만들어 짚을 깔고 따뜻한 곳에 두어 띄운다.

4 겉이 끈끈해지며 진이 나면 밖에 내어 말렸다가 다시 띄우기를 서너 번 하여 바짝 말린다.

5 가루를 성글게 빻는다.

❷ 준비해 둔 채소를 장에 불린 후 건져 꼭 짠다.

❸ 찹쌀을 불려서 밥을 지어 메줏가루를 섞는다. 소금으로 간한다.

❹ 3에 준비한 채소를 넣고 버무려 단지에 담아 따뜻한 곳에 묻어 삭힌다.

▶ 준비한 채소를 넣어 버무리기

양념장

장 음식

장아찌

장을 이용한 음식

5장

양념장

한국음식의 맛은 장맛이라 한다. 모든 한국음식에 장이 없으면 제 맛을 내지 못함은 당연하다. 간장, 된장, 고추장을 바탕으로 달고, 시고, 맵고, 고소한 양념을 재료의 분량에 맞게 넣어 맛을 내는 법으로 음식을 만든다. 불고기에는 간장 양념을 하여 맛을 내고, 나물은 간장, 된장, 고추장을 나물의 본 맛에 맞추어 맛을 내며, 장아찌는 제철의 채소를 두고 먹기 위해 장에 넣어 두었다가 먹는다. 가정에서는 음식을 소량으로 하다 보니 한 번에 양념장을 만들어 그것을 덜어서 가감하며 맛을 내기보다는 직접 재료에 간장 따로, 마늘 따로, 순서대로 한 가지씩 넣는 방법을 쓰니 할 때마다 맛의 차이가 나는 실수를 하게 된다.

양념장을 비율에 맞게 만들어서 재료의 분량에 따라 넣는 것이 언제나 같은 맛을 낼 수 있고 표준화가 되는 방법이다. 양념장은 지금 흔히들 말하는 소스라고 볼 수 있다. 한식의 세계화를 위해서는 양념장, 즉 조리법에 맞는 소스가 정립되어야 한다. 오랜 경험으로 얻어지는 한식의 노하우를 갖추지 못하는 시점에서 한식의 조리법에 맞는 양념장이 표준화된다면 손이 많이 가거나 시간이 오래 걸리는 한식 조리의 단점을 없앨 수 있을 것이다.

한국음식은 밥을 위주로 먹는 식사형태로, 국이나 찌개 등 국물 음식이 있어야 하고, 거기에 장으로 만들어진 고기반찬, 나물반찬, 장아찌 등으로 상차림을 한다. 국물 음식이나 나물은 달지 않게 해야 하고, 쓴 나물은 고추장이나 된장으로 쓴맛을 감해 주는 방법으로 해야 하고, 산뜻한 맛을 내는 음식에서는 고추장에 식초를 넣어야 하고, 미역국이나 무국은 담백하게 청장으로 간해야 하며, 누린내나 비린내가 나는 어육류로 구이나 찜을 할 때는 단맛을 넣어야 하는 등 예부터 내려오는 고유한 한국식 조리법이 있다. 한식은 한 가지 장으로만 맛을 내지 않고 된장에 고추장을 섞는다든지, 고추장에 간장을 섞는다든지 하여 맛의 깊이를 더해 주는 방법을 쓴다.

장을 기본으로 양념장을 만들 때는 장이 짜다는 점을 생각하여 물이나 다른 육수로 염도를 낮추어야 한다. 예를 들면 간장으로 초간장을 만든다면 간장에 물을 넣어 희석한 후 단맛과 신맛을 맞추어야 한다. 음식은 재료의 분량, 재료가 가진 수분량, 먹는 사람의 기호 등에 따라 간을 조절해야 한다. 또한 조리하는 시간, 화력, 재료에 따라 간이 스며드는 정도가 다르므로 이에 따라 간을 조절해야 한다. 따라서, 제안하는 양념장은 만드는 이가 상황에 맞게 분량을 조정하여야 한다.

다음에 제안하는 각 양념장의 분량은 간을 가지고 있는 간장, 된장, 고추장 1컵을 기본으로 하여 같이 쓰이는 양념들을 비율에 맞추어 제안한 것이다. 따라서 음식재료의 분량이 기준이 아님을 유의하여야 한다.

1. 간장

간장 중 재래식으로 담그는 전통장은 청장, 맑은 장, 조선간장으로 불리며, 시판하는 일반적인 간장은 진간장 또는 양조간장으로 불린다. 미역국이나 무국 등 맑은 국이나 담백한 나물 등은 단맛이 안 나게 하므로 청장을 쓰고, 어육류 등으로 하는 음식인 구이, 찜, 볶음, 무침 등은 진장을 쓴다.

◀ 청장

▶ 진간장

◀ 시판 간장

구이, 찜용 양념장

한식 중 외국인이 가장 좋아한다고 손꼽는 불고기의 소스는 간장을 이용한 소스이다. 이 양념장은 보통 소갈비 찜·구이, 불고기, 떡갈비 등에 쓰이며, 주재료는 간장이다. 육류를 굽는 것이므로 단맛인 설탕이 들어가야 맛있다. 그 외에 마늘, 파, 참깨, 참기름, 후추 등이 쓰이며 지방마다, 집집마다 기호에 따라 짠맛과 단맛에 차이를 둔다. 구이나 찜을 할 때는 간장에 물이나 육수, 청주 등을 넣고 배 등 과일을 간 즙, 양파즙을 넣는다. 단맛은 설탕으로만 하지 않고 물엿이나 조청을 쓰기도 한다.

용도 | 불고기, 편포, 섭산적, 갈비찜, 북어찜

재료 | 간장 1컵, 설탕 6큰술, 다진 파 6큰술, 다진 마늘 4큰술, 깨소금 4큰술, 참기름 2큰술, 후춧가루 1작은술

육포 양념장

용도 | 육포

재료 | • **쇠고기 500g 기준** : 간장 5큰술, 설탕 1큰술, 꿀 1½큰술, 통후추 1/2작은술, 생강 반톨(10g), 마른 고추 1/2개
• **쇠고기 5kg 기준** : 간장 2½컵, 설탕 140g, 물엿 140g, 물 1/2컵, 마른 고추 4개, 통후추 1큰술, 생강 2톨(40g), 꿀 100g

조림용 양념장

조림장은 주로 생선이나 고기, 채소를 조릴 때 쓰는데, 간이 약간 센 듯하면서 달고 검은색이 돌게 만들 때 많이 이용된다. 조림은 생선무조림처럼 심심하게 부재료를 섞어 할 때도 있고, 장조림처럼 짭짤하게 밑반찬처럼 할 때도 있다.

용도 | 홍합초, 전복초, 삼합장과, 장조림, 호도장과, 무갑장과, 콩자반, 우엉, 연근조림, 생선조림
재료 | 간장 1컵, 물 1/2컵, 설탕 1/3컵, 물엿 3큰술, 술 3큰술, 생강 1쪽, 마른 고추 1개

나물용 간장양념장

용도 | 각종 숙채(고사리, 도라지, 시금치, 숙주, 무, 버섯 등)

재료 | 청장 2/3컵, 소금 1큰술, 다진 파 4큰술, 다진 마늘 3큰술, 참기름 2큰술, 깨소금 3큰술, 참기름 2큰술

생채용 간장양념장

용도 | 잎채소(상추, 풋배추, 쑥갓, 미나리 등) 겉절이, 돌나물 생채

재료 | 간장 1컵, 물 1컵, 고춧가루 5큰술, 설탕 6큰술, 식초 6큰술, 마늘 2큰술, 참기름 3큰술, 깨소금 3큰술

▶ 무굴밥과 간장양념장

다용도용 간장양념장 비빔, 끼얹음

용도 | 별미밥(콩나물밥, 무밥, 굴밥, 곤드레밥 등), 두부부침, 도토리묵무침, 콩비지찌개

재료 | 간장 1/2컵, 청장 1/2컵, 물 1/2컵, 설탕 2큰술, 파 4큰술, 마늘 3큰술, 깨소금 3큰술, 참기름 3큰술, 풋고추 2개, 홍고추 1/2개, 고춧가루 2큰술

장아찌용 간장

채소장아찌는 어떤 재료로도 할 수 있으나 잎채소와 뿌리채소 등 간이 배는 정도, 두고 먹는 시간, 기호에 따라 간장 비율과 저장 정도가 달라진다.

용도 | 채소장아찌

재료 | 간장 2컵, 식초 2컵, 물 2컵, 설탕 1/2컵, 소금 2큰술, 생강 2쪽
- 채소 : 간장 4컵, 물 2컵, 설탕 5컵, 소금 4큰술, 통후추 4큰술, 현미식초 4컵
- 뽕잎이나 곤달비 : 물 1½컵, 간장 2컵, 소금 2큰술, 설탕 5~6큰술, 물엿 8부컵, 사과식초 1/2컵, 감초 1~2편

- **오이** : 간장 2컵, 설탕 2½컵, 소금 2큰술, 통후추 2큰술, 현미식초 2컵
- **두릅** : 간장 1½컵, 액젓 2큰술, 다시물 2컵, 설탕 1/2컵, 소주 2큰술, 식초 3큰술
- **무채** : 간장 10컵, 다시물 5컵, 설탕 2컵, 마늘 100g, 생강 50g, 마른 고추 25g
- **죽순** : 간장 1컵, 청장 1컵, 설탕 2컵, 물엿 3컵, 다시물 2컵

게장용 간장

용도 │ 간장게장, 새우장

재료 │ • 간장 2컵, 청장 1컵, 물 2컵, 마늘 1/2컵, 생강 1톨, 마른 고추 2개
- 간장 5컵, 마른 고추 10개, 마늘 10쪽, 마른 표고버섯 5장, 생강 3톨, 청주 1컵, 물 7컵
- 간장 5~6컵, 미림 1/2컵, 물 2½~3컵, 통생강 30g, 깐마늘 10개, 마른 고추(청양고추) 3~4개, 황기 50g, 감초 5~10g(2쪽), 당귀 10g(1쪽), 양파 50g, 황설탕 2~3큰술, 월계수잎 2~3잎, 통후추 1/2작은술
  (꽃게 5~6마리, 1마리 180~200g)

초간장

초간장 소스는 기름진 음식인 전유어, 편육, 산적, 튀김 등을 먹을 때 찍어 먹는 것으로 간을 해 주면서도 느끼하지 않게 해 준다. 또, 봄나물을 모아 만드는 묵무침이나 죽순, 더덕, 미나리, 해초 등도 초간장으로 무친다. 식초는 식성에 따라 가감하며 매실이나 레몬, 유자즙으로 넣어 신맛을 달리하거나 신선한 향을 주기도 한다.

◀ 전유어와 초간장

용도 │ 각종 전유어, 적, 편육, 죽순채, 탕평채

재료 │ 간장 1/2컵, 물 2/3컵, 설탕 5큰술, 식초 1/2컵

2. 된장

된장은 국이나 찌개에 주로 쓰이지만 지역에 따라 찍음장이나 쌈장으로 많이 쓴다. 재래식으로 만든 된장은 조선 된장, 재래 된장, 토종 된장이라 하는데, 짠맛이 많고 콩만 가지고 만든 경우가 많다. 시판하는 된장은 간이 약한 편이고 전분질을 섞어 담그므로 점질이 많다. 전통 된장은 고유한 퀴퀴한 냄새와 짠맛을 가지고 있어 시판하는 된장과 섞어서 조리를 하는 경우가 많다. 요즘은 짠맛을 줄이고 영양을 보충하기 위해 콩을 삶아서 갈아 섞기도 한다. 국은 시간을 두고 오래 끓이는 것이므로 된장을 적게 풀어 싱겁게 끓여야 짜지 않게 된다. 재래 된장만 쓰면 텁텁할 수도 있으므로 고추장을 약간 섞기도 한다.

◀ 재래 된장
▶ 시판 쌈장

▶ 시판되는 개량식 된장

국·죽용 된장양념장

용도 | 시금치(배추, 아욱, 시래기 등) 된장국, 우거지탕, 아욱죽

재료 | 재래 된장 2큰술(고추장 2작은술), 물 또는 육수 5컵, 다진 마늘 2작은술

구이용 된장양념장

용도 | 맥적, 채소(연근, 우엉, 무오가리 등)구이, 표고버섯구이

재료 | 개량 된장 1컵, 간장 2큰술, 물 8큰술, 마늘 3큰술, 파 2큰술, 깨소금 2큰술, 참기름 2큰술

찌개용 된장양념장

용도 | 강된장찌개, 두부(호박)된장찌개

재료 | 재래 된장 3큰술, 물이나 육수 2컵(3컵), 다진 마늘 1큰술, 고춧가루 1작은술

무침나물용 된장양념장

용도 | 무청시래기볶음, 냉이나물, 배추나물, 취나물

재료 | 재래 된장 1/2컵, 개량 된장 1/2컵, 물(다시마나 표고버섯 불린 물) 1/2컵, 참기름 2큰술,
　　　깨소금 3큰술, 다진 파 3큰술, 다진 마늘 2큰술

볶음용 된장양념장

용도 | 조개된장맛구이, 개성식장떡, 쌈장

재료 | 재래 된장(막장) 1컵, 고추장 2큰술, 쇠고기볶음 1/2컵, 다진 마늘 4큰술, 다진 파 2큰술,
　　　깨소금 2큰술, 참기름 3큰술

다용도 양념된장^{쌈장}

쌈장은 된장에 다양한 재료를 넣어 만드는데, 강된장처럼 찌거나 끓여 빡빡하게 하거나 날된장, 고추장을 적당히 섞어 만들기도 한다. 쌈장은 짠맛을 적게 하고 부드러운 맛을 보충하기 위해 만드는 사람의 취향에 따라 두부, 땅콩이나 아몬드 등 종실류, 고추나 양파, 통조림 참치 등을 다양하게 넣어 특색 있게 만든다. 지역에 따라 된장을 쓰지 않고 막장으로 만들기도 한다.

용도 │ 채소쌈장, 수육쌈장

재료 │ • 개량 된장 1컵, 재래 된장 1/4컵, 물(육수) 1/2컵, 고추장 1/4컵, 물엿 2큰술, 다진 마늘 4큰술 1/4컵, 두부 1/2컵, 깨소금 4큰술, 참기름 3큰술, 고추나 고춧가루 약간

　　 • 된장 4큰술, 고추장 1작은술, 설탕 2작은술(또는 물엿), 깨소금 1큰술, 참기름 1큰술, 다진 마늘 1큰술, 다진 파 2큰술

　　 • 된장 4큰술, 고추장 1큰술, 호박씨(다진 것) 1큰술, 해바라기씨 1큰술, 땅콩(다진 것) 1큰술, 미숫가루 1작은술, 깨소금 2작은술, 참기름 2작은술, 물엿 2작은술(견과류 쌈장)

　　 • 된장 2큰술, 두반장 1큰술, 설탕 1작은술, 청주 1작은술, 마늘 1작은술, 다진 파 2작은술, 참기름 1작은술, 청양고추 1개, 홍고추 1/2개, 물엿 1/2작은술, 생강즙 1/2작은술(고기 전용 쌈장)

▶ 제육편육과 양념된장

3. 고추장

재래식 고추장은 메줏가루를 넣어 구수하면서도 약간 텁텁한 맛이 나지만 엿고추장은 메줏가루를 넣지 않고 엿만을 달여 만드므로 윤기가 나고 차지다. 찌개나 국에 쓰는 고추장은 재래식 고추장이 좋지만 회나 조림, 강정류를 할때는 차지며 윤기가 나는 엿고추장을 쓴다. 시판하는 대부분의 고추장은 메줏가루를 섞지 않은 엿고추장식으로 만든 것이라 국물 요리에는 적당하지 않고, 구이, 조림, 볶음, 초고추장 등에 알맞다.

▲ 재래 고추장
▼ 시판 고추장

매운탕용 고추장양념장

매운탕 양념장은 매운탕이나 찌개 등에 쓰이며 고추장에 고춧가루를 같이 넣어 끓여 칼칼한 맛이 나도록 한다.

용도 | 생선매운탕, 오징어찌개
재료 | 고추장(고춧가루 3큰술) 1/2컵, 청장 3큰술, 소금 2큰술, 다진 마늘 1/4컵, 다진 파 2대, 다진 생강 1큰술, 청주 1/4컵, 참기름 약간

찌개용 고추장양념장

찌개는 순전히 고추장만 넣지 않고 된장을 같이 넣어 끓이며 시판하는 단고추장보다는 재래식 고추장을 쓴다. 매운맛을 덜 나게 하려면 된장의 비율을 늘린다.

용도 | 오이감정, 생선감정
재료 | 고추장 1컵, 된장 1/4컵, 물(육수) 2컵, 마늘 3큰술

구이용 고추장양념장

고추장양념은 굽다 보면 재료 속에 맛이 배기도 전에 겉이 먼저 타므로 처음에 유장(참기름이 많고 간장을 적게 한 장)으로 재웠다가 굽고 다시 양념고추장을 바른다.

용도 | 더덕구이, 돼지고기불고기, 북어구이, 뱅어포구이, 생선구이, 오징어구이, 닭구이
재료 | 고추장 1컵, 간장 2큰술, 물 1컵, 참기름 4큰술, 다진 파 4큰술, 다진 마늘 3큰술, 깨소금 2큰술

생채용 고추장양념장

매우면서도 달고 시게 만드는 나물무침에 많이 쓴다. 오이나 노각, 도라지 등 씹힘이 좋은 채소들을 쓰는데, 오징어나 소라 등을 섞어서 무치기도 한다.

용도 | 노각생채, 도라지생채, 두릅, 냉이, 더덕 고추장 무침, 북어회
재료 | 고추장 1컵, 설탕 1/3컵, 식초 1/3컵, 간장 2큰술, 마늘 2큰술, 깨소금 2큰술, 참기름 1큰술

떡볶이용 고추장양념장

최근에 대표적으로 고추장 소비를 가장 많게 하는 장으로 매우면서도 달콤하게 먹는 떡볶이 같은 간식에 많이 쓰인다.

용도 | 떡볶이, 낙지·오징어 볶음

재료 | 고추장 1컵, 설탕 1/3컵, 물엿 1/3컵, 고운 고춧가루 2컵, 간장 3큰술, 다진 마늘 3큰술, 참기름 3큰술

강정용 고추장양념장

바삭하게 튀겨 낸 재료에 맵고 끈끈하게 엿장을 만들어 끓이면서 버무려 내는 용도로 쓴다.

용도 | 닭강정, 북어강정, 버섯강정

재료 | 고추장 1컵, 고운 고춧가루 2큰술, 설탕 1/3컵, 물엿(조청) 1/3컵, 간장 2큰술, 물 1½컵, 술 1/4컵, 생강즙 1큰술, 참기름 1큰술

초고추장양념장

신맛을 더욱 상큼하게 하기 위해서 레몬이나 유자 같은 과일즙은 섞거나 생강즙을 섞기도 한다.

용도 | 생선회, 미역회, 두릅회, 해물숙회

재료 | 고추장 1컵, 물 2/3컵, 설탕 1/4컵, 꿀 2큰술, 식초 2/3컵

◀ 해물숙회와
초고추장양념장

장 음식

소금이나 젓갈을 제외하고 어느 음식에나 장이 들어간다. 어떤 장류를 양념으로 쓰느냐에 따라 음식의 맛이 달라진다. 돼지고기를 구울 때도 담백하게 간장 맛으로, 구수하게 된장 맛으로, 매콤하게 고추장 맛으로 세 가지 각각 다른 맛을 낼 수가 있다.

다음에 소개하는 장 음식은 한국음식에서 세 가지 장을 대표적으로 쓰는 음식들이다.

1. 간장

미역국

재료 및 분량

마른 미역 50g, 쇠고기(양지나 사태) 100g, 참기름 2큰술, 다진 마늘 1큰술, 물 10컵, 청장 2큰술, 소금·후춧가루 약간

고기양념 | 청장 2작은술, 다진 파 1작은술, 참기름 1작은술, 후춧가루 약간

만드는 법

1 마른 미역은 물에 재빨리 씻어서 다시 미역이 잠길 정도로 물을 부어 30분 정도 불린 후 맑은 물이 나오도록 여러 번 헹구어 씻어 물기를 꼭 짠 다음 4cm 길이로 썬다.

2 쇠고기는 납작납작하게 썰어서 고기양념에 고루 무친다.

3 냄비에 참기름을 두르고 양념한 고기를 볶다가 미역과 다진 마늘을 넣고 함께 볶는다. 전체에 기름이 고루 돌면 물을 부어 센 불에서 끓인다.

4 펄펄 끓어오르면 불을 약하게 줄여서 맛이 충분히 어우러질 때까지 끓인 후 청장과 소금으로 간을 맞추고 후춧가루를 뿌린다.

* 미역국을 많이 끓일 때는 고기를 덩어리째 삶아 그 육수에 손질한 미역을 넣고 끓이고 고기 건지는 찢거나 얇게 썰어 넣는다. 미역국은 묵은 장보다는 햇청장으로 간을 맞추어야 담백하다.

콩비지찌개

재료 및 분량

불린 메주콩 2컵, 잘 익은 김치 400g, 돼지고기 200g, 김치국물 4큰술, 물(멸치국) 4컵, 식용유 약간, 마늘 2큰술, 새우젓

고기양념 | 맛술 1큰술, 다진 마늘 2큰술, 생강즙 1작은술, 후추 약간

양념장 | 간장 4큰술, 가는 파 2큰술, 고춧가루 2큰술, 마늘 1큰술, 깨소금 1큰술, 참기름 1큰술

만드는 법

1 메주콩은 깨끗이 씻어 생수에 담가 충분히 불린 뒤 불어난 콩껍질을 없애고 씻어 믹서에 동량의 물을 넣고 곱게 갈아 둔다.

2 김치는 0.5cm 폭으로 송송 썰고 대파도 송송 썬다.

3 돼지고기는 납작납작 썰어 고기양념에 무친다.

4 두꺼운 냄비에 식용유를 두르고 다진 마늘을 볶다가 밑간한 돼지고기를 넣어 함께 볶는다.

5 고기가 반 정도 익으면 김치를 넣고 볶다가 김치국물, 갈아 놓은 콩, 물을 붓고 뚜껑을 덮고 불을 약하게 하여 끓인다.

6 콩이 완전히 익으면 새우젓으로 간을 하고 송송 썬 파를 넣고 불을 끈다.

7 양념장을 만들어 식성대로 간을 한다.

* 콩비지는 아무것도 넣지 않고 그대로 끓여 고소한 맛으로 먹기도 하고, 돼지갈비를 넣어 푸짐하게 끓이기도 한다. 간은 양념장으로 만 맞추지 않고 새우젓으로 밑간을 하기도 한다.

북어찜

재료 및 분량

북어포(껍질 있는 것) 2마리, 가는 파 1뿌리, 실고추·깨 약간

양념장 | 간장 4큰술, 다진 파 3큰술, 다진 마늘 1½큰술, 다진 생강 2작은술, 가는 파 1뿌리, 실고추·깨 약간, 설탕 2큰술, 참기름 1/2작은술, 깨소금 1/2작은술, 후춧가루 약간, 물 2컵

만드는 법

1 북어는 물에 축여 얼른 물기를 눌러 짜고 머리와 꼬리를 떼고 가시를 발라낸 뒤 4cm 폭으로 토막을 낸다.

2 분량의 양념장에 물 2컵을 섞은 뒤 북어 토막을 하나씩 담갔다가 건져서 냄비에 켜켜로 담고 그 위에 남은 양념장을 끼얹어 중불에서 서서히 끓인다.

3 파는 어슷하게 채 썰어 놓는다. 실고추는 2cm 정도로 자른다.

4 북어에 간이 고루 배고 부드러워지면 채 썬 실파와 홍고추를 얹어 잠깐 더 익히고 그릇에 담는다.

불고기 | 너비아니

재료 및 분량

쇠고기(등심 또는 안심) 500g

고기양념 | 간장 4큰술, 배즙 4큰술, 설탕 2큰술, 다진 파 2큰술, 다진 마늘 1큰술, 깨소금 1큰술, 참기름 1큰술, 후춧가루 약간

만드는 법

1 쇠고기는 등심이나 안심의 연한 부위를 0.5㎝ 정도의 두께로 썰어 잔 칼집을 넣어 연하게 한다.

2 다진 파와 다진 마늘, 배즙, 간장, 설탕, 참기름 등을 합하여 고기양념장을 만든다. 배가 없을 때는 대신 육수를 넣어도 된다.

3 고기를 굽기 30분 전쯤에 양념장을 넣고 주물러 간이 고루 배게 한다.

4 뜨겁게 달군 석쇠나 팬에 얹어서 양면을 고루 익힌다.

섭산적 장산적

재료 및 분량

쇠고기(우둔살) 300g, 두부 1/2모(150g), 잣가루 2작은술

고기양념 | 간장 2큰술, 소금 1작은술, 다진 파 2큰술, 다진 마늘 1큰술, 설탕 1큰술, 참기름 1큰술, 깨소금 1큰술, 후춧가루 적당량

만드는 법

1 쇠고기는 연하고 기름기가 없는 부위로 곱게 다진다.

2 두부는 면보로 싸서 물기를 짜고 칼을 눕혀서 곱게 으깬다.

3 쇠고기와 두부를 합하여 고기양념을 넣어 끈기가 날 때까지 고루 섞는다.

4 양념한 고기를 둘로 나누어 젖은 한지에 식용유를 바르고 두께 0.7cm 정도로 네모지게 반대기를 만들어 윗면을 칼등으로 자근자근 두들겨 고르게 한다.

5 석쇠에 얹어서 고기가 고루 익도록 가끔 자리를 움직이면서 굽는다. 한 면이 익은 후에 뒤집어서 뒷면을 익힌다.

6 한 김 나간 후에 가로 3cm, 세로 2cm 정도의 크기로 썰어 그릇에 담고 잣가루를 고루 뿌린다.

* 장산적은 구운 고기를 모지게 썰어 단간장에 졸인 것이다.
* 한지로 싸서 굽는 법은 고기가 바짝 말라버리는 것을 방지하고 속까지 잘 익도록 하기 위함이다. 요즘은 쉽게 팬에 굽거나 많이 하려면 오븐에 굽는다.

전복초 ^{홍합초}

재료 및 분량

전복 8개(400g), 쇠고기(우둔살) 50g, 마늘 2쪽, 녹말가루 1/2큰술, 물 1큰술, 참기름 1작은술, 잣가루 1작은술

조림장 | 간장 3큰술, 설탕 2큰술, 전복 삶은 물 1컵, 후춧가루 약간

만드는 법

1 전복은 껍질째 솔로 문질러 씻고 살 겉면의 검은 부분은 소금으로 문질러 씻는다. 끓는 물에 잠깐 넣었다가 건져 살을 도려내고 내장을 떼어서 살만 얇게 저민다.

2 쇠고기는 납작납작하게 썰고 마늘은 얇게 저민다.

3 냄비에 조림장을 끓이다가 끓어오르면 쇠고기를 넣는다.

4 쇠고기가 익으면 전복 썬 것과 마늘을 넣어 약한 불에서 서서히 조린다. 끓이는 도중에 장물을 가끔 위에 끼얹어 전체에 고루 간이 배도록 한다.

5 국물이 3큰술 정도 남으면 끓고 있는 상태에서 녹말가루를 동량의 물에 풀어 넣고 고루 섞어 윤기가 나게 한다. 마지막으로 참기름을 넣어 섞는다.

6 그릇에 담고 잣가루를 고루 뿌린다.

* 홍합초도 마찬가지로 한다. 홍합은 통째로 하거나 크면 어슷하게 반으로 자른다.

장조림 달걀장조림

재료 및 분량

쇠고기(홍두깨 또는 양지) 1kg, 달걀 3개, 꽈리고추 100g, 통마늘 2개

고기 삶을 때 | 물 20컵, 대파 1대, 마늘 5쪽, 통후추 15알

조림장 | 간장 1컵, 설탕 1/2컵, 마른 고추 2개, 생강 20g, 육수 8컵

만드는 법

1 쇠고기를 사방 5cm 길이로 잘라 찬물에 담가 핏물을 뺀 다음 끓는 물에 파, 마늘, 통후추를 같이 넣어 삶는다. 꼬치로 찔러 보아 핏물이 나오지 않을 정도로 무르게 삶아졌으면 고기를 건지고 육수는 식혀 면보에 밭쳐 기름을 제거한다.

2 냄비에 찬물을 붓고 달걀을 넣은 뒤 약간의 소금을 넣은 뒤 끓으면 중불로 줄이고 15분 정도 더 삶아 완숙란을 만들어 껍질을 벗긴다.

3 꽈리고추는 대꼬치로 구멍을 내고, 통마늘은 껍질을 벗긴다.

4 마른 고추는 반으로 갈라 씨를 빼고, 생강은 편으로 썬다.

5 기름을 제거한 육수 12컵에 삶은 고기와 마른 고추, 생강편을 넣고 끓인다. 간장과 설탕은 분량의 반만 넣고 조리다가 장물이 1/3쯤 졸면 남은 간장·설탕을 넣는다.

6 고기에 장물이 고루 배면 꽈리고추와 삶은 달걀, 마늘을 넣고 불을 약하게 하여 더 조린다.

연근조림

재료 및 분량

연근 300g, 식초 1큰술, 물 5컵, 소금 약간, 실깨 약간
조림장 | 간장 3큰술, 맛술 2큰술, 설탕 1큰술, 생강 1톨, 마른 고추 1/2개, 물엿 1큰술, 물 2컵

만드는 법

1 연근은 깨끗이 씻어 껍질을 벗겨 0.6~0.7cm 두께로 썬 뒤 식초를 약간 넣은 찬물에 담가 둔다.

2 끓는 물에 연근과 소금을 약간 넣어 3분간 삶아 건진 다음 찬물에 헹군다. 손톱으로 눌러 들어갈 정도의 무르기로 삶는다.

3 냄비에 물엿을 제외한 조림장의 재료를 넣고 끓이다가 삶은 연근을 넣는다. 끓기 시작하면 약한 불에서 서서히 조린다.

4 연근이 약간 투명한 빛이 나고 조림장이 거의 없어지면 불을 세게 하고 물엿을 넣어 윤기가 나도록 바짝 조려 내어 담고 실깨를 뿌린다.

도토리묵무침

재료 및 분량

도토리묵 300g(1모), 오이 1개(150g), 풋고추 1개, 홍고추 1개

간장양념장 | 간장 3큰술, 고춧가루 1큰술, 다진 파 1큰술, 다진 마늘 1/2큰술, 설탕 1작은술, 참기름 1큰술

만드는 법

1 도토리묵은 0.7cm 정도의 두께로 도톰하게 한입 크기로 썰어 접시에 가지런히 담는다.

2 오이는 길이로 반을 갈라서 얇고 어슷하게 썰고, 풋고추와 홍고추도 얇고 어슷하게 썰어 씨를 뺀 다음 묵 위에 올린다.

3 분량의 양념을 합하여 간장양념장을 만든다. 상에 내기 바로 전에 묵 위에 골고루 끼얹는다.

죽순채

재료 및 분량

죽순(삶은 것) 300g, 쇠고기(우둔살 또는 홍두깨) 100g, 마른 표고버섯(중) 3장, 미나리 60g, 숙주나물 100g, 홍고추 1개, 식용유 적당량, 달걀 1개

고기·표고버섯양념 | 간장 2큰술, 다진 파 4작은술, 다진 마늘 2작은술, 설탕 1큰술, 참기름·깨소금 각 2작은술, 후춧가루 약간

초간장양념 | 간장 3큰술, 물 3큰술, 식초 2큰술, 설탕 1½큰술, 깨소금 2작은술

만드는 법

1 삶은 죽순은 반을 갈라서 4~5cm 길이로 썰고 다시 얇게 빗살모양으로 썰어 물에 헹군다. 물기를 없앤 후 소금 간을 살짝 하고 볶아 내어 식힌다.

2 쇠고기는 채 썰고, 마른 표고버섯은 물에 불린 후 기둥을 떼고 채 썬다. 고기와 표고버섯을 합하여 고기양념으로 무친 뒤 팬에 기름을 두르고 볶아서 식힌다.

3 미나리는 잎을 떼고 다듬어서 끓는 물에 파랗게 데친 뒤 찬물에 헹구어 물기를 꼭 짜고 4cm 길이로 자른다. 홍고추는 반 갈라 씨를 빼고 곱게 채 썰어 살짝 볶는다.

4 숙주는 머리와 꼬리를 다듬어서 끓는 물에 소금을 약간 넣어 데쳐 내어 찬물에 헹군다.

5 달걀은 황백으로 나누어 각각 지단을 부쳐서 채 썬다.

6 분량의 양념을 넣어 초간장양념을 만든다.

7 큰 그릇에 지단을 조금만 남기고 볶은 죽순과 쇠고기, 표고버섯, 홍고추, 데친 미나리와 숙주를 한데 모아서 초간장 양념을 넣어 고루 섞어서 무쳐 담고 지단을 얹는다.

상추쑥갓절이지

재료 및 분량

상추 200g, 쑥갓 100g, 대파 1대

간장양념장 | 간장 2큰술, 다진 마늘 1작은술, 설탕 1작은술, 식초 1큰술, 참기름 1/2큰술, 깨소금 1/2큰술, 실고추 약간

만드는 법

1　상추와 쑥갓은 흐르는 물에 여러 번 깨끗이 씻어 소쿠리에 건져 물기를 뺀다.

2　대파는 흰 부분을 10cm 길이로 토막을 내어 길이대로 가늘게 채 썰어 냉수에 담가
　놓았다가 건진다.

3　분량의 양념을 모두 합하여 간장양념장을 만든다.

4　상추와 쑥갓은 손으로 대강 뜯어 파채와 합하여 차게 두었다가 상에 내기 직전에
　양념장을 고루 뿌려서 살짝 버무려 그릇에 담는다.

호두장과

재료 및 분량

호두 300g, 생땅콩 200g, 쇠고기(우둔살) 100g

고기양념 | 간장 1/2큰술, 설탕 1작은술, 다진 마늘 1/2작은술, 참기름 약간, 후춧가루 약간

조림장 | 간장 5큰술, 설탕 1큰술, 물엿 5큰술, 꿀 1작은술, 물 1½컵, 생강 1톨

만드는 법

1 끓는 물에 호두를 넣어 떫은맛이 우러나도록 2~3분 정도 삶아 체에 건져 찬물에 헹궈 물기를 뺀다.

2 생땅콩도 끓는 물에 넣어 비린 맛이 없어지도록 10분 정도 삶아 찬물에 헹궈 물기를 뺀다.

3 쇠고기는 곱게 다져서 양념을 한 후 은행알 크기로 완자를 빚는다.

4 냄비에 분량의 조림장을 넣고 끓어오르면 먼저 고기 완자를 넣어 익힌 뒤 호두, 생땅콩을 넣어 고루 섞으면서 조린다.

5 검은 빛의 윤기가 나고 국물이 조금 남을 때까지 뒤적거리며 조린다.

콩자반

재료 및 분량

검은콩 2컵, 통깨 1큰술, 참기름 1큰술

조림장 | 간장 1/2컵, 물 1컵, 설탕 4큰술, 후춧가루 약간

만드는 법

1 콩을 재빨리 씻어 건져 냄비에 담고 물을 부어 삶는다.

2 콩이 물러지면 남은 물은 따라 버리고 간장, 물, 설탕 등을 넣어 약한 불에서 조린다.

3 콩이 윤기 나게 조려지면 불을 끄고 통깨와 참기름을 넣어 고루 섞는다.

간장게장

재료 및 분량

꽃게(중) 5마리

간장물 | 간장 3컵, 청주 1/2컵, 물 2컵, 생강 1톨, 마늘 5쪽, 마른 고추 2개

만드는 법

1 꽃게는 껍질째 솔로 문질러 깨끗이 씻고 등딱지를 떼어 안에 들은 알이나 장이 쏟아지지 않게 원래대로 둔다.

2 냄비에 분량의 간장, 청주, 물을 넣고, 생강, 마늘은 편으로 썰어 넣고 고추는 반으로 잘라 넣어 팔팔 끓여서 식힌다.

3 용기에 손질한 게를 배 쪽이 위에 오도록 차곡차곡 담는다.

4 간장물이 식으면 게에 붓고 뚜껑을 덮어 차가운 곳에 두었다가 2~3일 지난 후에 간장물만 따라내어 끓여서 식힌 다음 다시 붓는다.

5 게에 간이 배면 3일이 지난 후부터 먹을 수 있다.

* 게장은 오래 두면 살이 풀어지고 상하기 쉬우므로 간이 밴 다음에는 게 몸통은 냉동시키고 장물은 따로 두었다가 먹을 만큼만 꺼내어 먹는다.

육 포

재료 및 분량

쇠고기(우둔살) 500g, 참기름 적당량

고기양념 | 간장 5큰술, 설탕 1큰술, 후춧가루 약간, 생강 1톨, 마른 고추 1/2개, 통후추 약간, 꿀
1½큰술

만드는 법

1 쇠고기는 기름기가 없는 우둔살
   부위로 골라 결의 방향대로 두께
   0.4cm 정도로 얇고 넓게 떠서 기름
   과 힘줄을 말끔히 발라낸다.

2 냄비에 간장, 설탕, 생강편, 마른 고추
   를 넣고 잠깐 끓여 식힌 후 꿀을 섞
   는다.

3 포감을 한 장씩 양념장에 담가 앞뒤
   를 적셔 전체를 고루 주무른 다음 간
   이 충분히 배도록 1시간 정도 둔다.

4 육포 감을 채반에 겹치지 않게 펴 준
   뒤 통풍이 잘 되고 햇빛이 나는 곳에 넣어 3~4시간 지난 다음 뒤집는다.

5 바싹 마르기 전에 걷어서 평평한 곳에 한지를 깔고 말린 포를 끝을 잘 펴서 차곡차
   곡 싸서 도마나 판자에 놓고 무거운 것으로 눌러서 판판하게 되도록 두었다가 다시
   말린다.

6 말린 포는 비닐이나 랩으로 싸서 냉장고나 냉동실에 넣어 보관한다.

7 먹을 때는 육포의 양면에 참기름을 고루 발라서 석쇠에 얹어 앞뒤를 살짝 구워서
   한입 크기로 썬다.

* 육포는 생긴대로 차곡차곡 담아 폐백에 쓰며, 마른 찬이나 술안주로 하려면 작게 잘라서 쓴다.

장김치

재료 및 분량

배추속대 600g, 무 400g, 배 1/2개, 밤 5개, 잣 1큰술, 미나리 30g, 갓 30g, 석이버섯 3장, 표고버섯 2장, 실고추 약간, 흰 파 6cm, 마늘 3쪽, 생강 1톨

절임간장 | 간장 1컵

김치장물 | 간장 1컵, 설탕 2큰술, 물 10컵

만드는 법

1 배추는 겉잎을 떼고 속대만 씻어서 3cm 폭으로 썬 다음 간장을 부어 절인다.

2 무는 3cm 길이로 토막 내어 폭 2.5cm, 두께 0.5cm로 썬다. 배추가 어느 정도 절여져 숨이 죽으면 배추와 합하여 절인다. 가끔 뒤섞으면서 2시간 정도 절인다.

3 배는 무와 같은 크기로 썰고, 밤은 납작납작하게 저며서 썬다. 잣은 고깔을 뗀다. 실고추는 3cm 길이로 자른다.

4 미나리와 갓을 3cm 길이로 썬다.

5 표고버섯을 불려 기둥을 뗀다. 석이버섯을 불려서 손질하여 가는 채로 썬다.

6 흰 파를 3cm로 토막 내어 채 썬다. 마늘, 생강도 가늘게 채 썬다.

7 무와 배추가 절여지면 간장물을 따라 낸 다음 그 간장물에 물 10컵을 넣고 간장 간을 더하고 설탕으로 간을 맞추어 국물을 만든다.

8 절인 무, 배추에 고명과 양념을 넣고 버무려서 항아리에 담고 간을 맞춘 김치장물을 부어서 실온에서 익힌다. 익으면 바로 냉장고에 넣는다.

2. 된장

아욱죽

재료 및 분량

멥쌀 1컵, 아욱 200g, 쇠고기(우둔살) 150g, 물 12컵, 된장 2큰술, 고추장 2작은술

고기양념 │ 간장 1큰술, 다진 파 1큰술, 다진 마늘 1½큰술, 참기름 1큰술, 후춧가루 약간

만드는 법

1 쌀을 씻어서 물에 2시간 이상 충분히 불린 다음 소쿠리에 건져 물기를 뺀다.

2 아욱은 줄기의 껍질을 벗기고 잎사귀와 함께 주물러 씻어 풋내를 뺀 다음 다시 씻어 건진다.

3 쇠고기는 곱게 채 썰어 고기양념으로 무친 뒤 냄비에 넣고 잠시 볶다가 물을 부어서 장국을 끓인다.

4 장국이 끓어오르면 된장과 고추장을 풀어 넣고 아욱국을 끓이면서 불린 쌀을 넣고 가끔 저으면서 끓인다.

5 쌀알이 완전히 퍼지고 전체적으로 장맛이 잘 어우러지면 불을 끈다.

배추속대국

재료 및 분량

배추속대 300g, 쇠고기(우둔살) 100g, 쌀뜨물 8컵, 대파 1뿌리, 다진 마늘 2작은술, 청장 적당량

고기양념 | 청장 2작은술, 다진 마늘 1작은술, 참기름 1작은술, 후춧가루 약간

된장국물 | 된장 3큰술, 고추장 1큰술

만드는 법

1 배추는 억센 겉대는 떼고 속대만 골라서 씻어서 칼로 길쭉길쭉하게 갈라 놓는다.

2 쇠고기는 얇게 저며 썰어서 고기양념을 넣어 무친 뒤 냄비에 볶다가 쌀뜨물을 붓고 된장과 고추장을 풀어 토장국을 끓인다.

3 국물이 충분히 끓으면 데친 배추와 다진 마늘을 넣고 맛이 잘 어우러지게 푹 끓인다.

4 간을 보아 부족하면 청장으로 간을 맞추고 어슷하게 썬 파를 넣고 불을 끈다.

* 토장국은 배추 외에 시금치, 아욱, 근대 등 잎채소를 넣고 끓이며, 국물은 쇠고기 외에 멸치나 조개로도 많이 한다.

두부호박된장찌개

재료 및 분량

두부 1모(300g), 애호박 1/2개(150g), 장국멸치 20g, 쇠고기(등심) 50g, 마른 표고버섯 2장, 대파 1뿌리, 풋고추 2개, 홍고추 1개, 참기름 1큰술

고기양념 | 청장 2작은술, 다진 파 4작은술, 다진 마늘 2작은술, 참기름 2작은술, 후춧가루 약간

된장양념 | 된장 3큰술, 고춧가루 1작은술, 다진 마늘 1큰술, 다진 생강 1작은술, 물 4컵

만드는 법

1 두부는 0.7cm 두께로 네모지게 썰고 애호박은 1cm 두께의 반달 모양으로 썬다.

2 쇠고기는 잘게 썰어서 고기양념으로 고루 무친다.

3 마른 표고버섯은 불려서 기둥을 떼고 1cm 폭으로 썰고, 대파, 풋고추, 홍고추는 어슷하게 썬다.

4 냄비에 멸치를 머리와 내장을 빼고 다듬어 넣고 물을 부어 끓이다가 된장양념 재료에 물 1컵을 넣어 잘 풀어 놓는다.

5 양념한 고기와 버섯을 넣고 물 3컵을 더 넣어 끓인다.

6 장국이 한소끔 끓어오르면 두부, 애호박을 넣는다.

7 두부가 부드러워지고 재료가 잘 어우러지면 대파, 고추를 넣고 불을 끈다.

* 부재료를 많이 넣고 끓이는 된장찌개는 간을 슴슴하게 한다.

달래버섯된장찌개

재료 및 분량

마른 표고버섯 4장, 두부 반 모, 달래 30g, 대파 1뿌리, 풋고추 1개, 홍고추 1개, 마늘 1쪽, 생강 1쪽, 고춧가루 약간

장국 | 멸치 20g, 물 3컵, 된장 3큰술

만드는 법

1 표고버섯은 1컵의 물에 불려서 굵게 채 썰고 기둥은 결대로 찢는다. 표고버섯 불린 물은 찌개국물에 합한다.

2 두부는 사방 1cm로 네모지게 썰고, 달래는 다듬어 씻은 뒤 3cm 길이로 자른다.

3 대파와 홍고추는 동글게 썰고 마늘, 생강은 다진다.

4 멸치는 머리와 내장을 떼어 손질한 뒤 뚝배기에 넣고 남은 물 2컵을 부은 뒤 된장을 풀어 끓인다.

5 된장국물이 끓으면 먼저 표고버섯을 넣고 끓어 떠오르면 두부를 넣는다. 장물이 줄어들면 달래, 대파, 고추를 모두 넣고 불을 끈 후 뚝배기째 상에 올린다.

* 강된장찌개로, 건지를 적게 쓰고 간을 조금 짜게 하며 국물이 바특하여 밥에 비벼 먹는다.

맥적 돼지된장양념구이

재료 및 분량

돼지고기(목살) 400g, 달래 10g, 부추 10g, 마늘(풋마늘) 1통

된장양념장 | 된장 1큰술, 물 1큰술, 국간장 2작은술, 청주 1큰술, 조청 1큰술, 설탕 1/2큰술, 참기름 1/2큰술, 깨소금 1/2큰술

만드는 법

1 돼지고기를 1cm 두께로 썰어 잔칼집을 넣는다.

2 달래와 부추를 송송 썰고 마늘을 굵게 다진다.

3 된장에 물을 넣어 묽게 푼 뒤 나머지 양념을 넣어 고기 양념장을 만든다.

4 고기에 양념장을 넣어 버무린 다음 달래와 부추 썬 것을 합하여 고루 섞는다.

5 고기에 양념이 고루 배면 석쇠에 올려 직화로 굽거나 팬에 지진다.

유곽 개조개구이

재료 및 분량

개조개 2개, 쇠고기(우둔살) 50g, 조갯살 50g, 깻잎 4장, 미나리 30g, 양파 1/2개, 풋고추 2개, 홍고추 1개

고기양념 | 간장 1/2큰술, 설탕 1작은술, 다진 파 1작은술, 다진 마늘 1/2작은술, 참기름 1작은술, 깨소금 1작은술, 후춧가루 약간

조갯살양념 | 생강즙 1작은술, 술 1작은술

된장양념 | 된장 3큰술, 고추장 1큰술, 물 1/2컵, 다진 파 2작은술, 다진 마늘 1작은술, 참기름 1작은술

만드는 법

1 칼로 조개의 입을 벌려 조갯살을 떼어 낸 다음 노란 빛이 나는 주둥이 끝을 잘라 흐르는 물에 모래를 씻어 낸 다음 굵게 다진다. 조갯살도 굵게 다진다.

2 쇠고기 살은 곱게 다져서 고기양념을 넣어 무친다.

3 깻잎, 미나리는 송송 썰고, 양파는 다진다. 풋고추, 홍고추도 씨를 빼서 잘게 다진다.

4 냄비에 조갯살, 술, 생강즙을 넣어 볶다가 양념한 쇠고기를 넣어 함께 볶는다. 익으면 양파를 넣어 투명해질 때까지 볶는다.

5 된장양념을 만들어 볶는 재료에 넣어 잘 섞으며 볶다가 다진 고추, 다진 파, 마늘을 넣고 물기가 적어져 뭉쳐질 정도까지 저으면서 볶는다. 불에서 내리기 전에 깻잎, 미나리, 참기름을 넣는다.

6 깨끗이 씻어 둔 조개껍데기에 볶은 된장조개볶음을 담고 석쇠에 올려 은근하게 굽는다.

무청시래기볶음

재료 및 분량

시래기 400g(말린 것 200g)

된장양념장 | 된장 2큰술, 물엿 1/2큰술, 설탕 1작은술, 청주 2작은술, 다진 파 1큰술, 다진 마늘 1/2큰술, 참기름·깨소금·고춧가루 약간

만드는 법

1 말린 시래기는 미지근한 물에 2~3시간 불린 뒤 억센 부분은 제거한다.

2 불린 시래기는 끓는 물에 넣어 20~30분간 삶는다. 삶는 도중 한 줄기를 건져 약간 힘을 주어 끊어지면 잘 삶아진 것이니 꺼내어 찬물에 여러 번 헹군다. 이를 다시 하루 동안 찬물에 담가 우거지 냄새를 빼고 건져 긴 것은 먹기 좋게 잘라 물기를 꼭 짠다.

3 분량의 양념을 모두 섞어 된장양념장을 만들어 시래기에 넣어 간이 잘 배도록 힘주어 무친다.

4 기름 두른 팬에 넣어 볶다가 물을 잘짝하게 붓고 잠시 뚜껑을 덮어 뜸을 들인다.

취나물무침

재료 및 분량

취나물 400g

된장양념 | 된장 3큰술, 청주 1큰술, 다진 파 2작은술, 다진 마늘 1작은술, 참기름 2작은술, 깨소금 1큰술, 고춧가루 약간

만드는 법

1 취는 억센 줄기는 다듬어 내고 씻어 끓는 물에 소금을 넣고 삶는다. 줄기가 물러지면 건져 찬물에 2~3시간 담갔다가 헹구어 물기를 짠다.

2 분량의 양념을 섞어 된장양념을 만든 뒤 취나물을 넣어 무친다.

* 취나물은 간장양념을 하여 기름에 볶기도 한다.

개성식장떡

재료 및 분량

쇠고기(우둔살) 200g, 찹쌀가루 ½컵

된장양념 | 햇된장 2컵, 다진 파 2큰술, 다진 마늘 2큰술, 굵은 고춧가루 1큰술, 깨소금 2큰술, 참기름 1큰술

만드는 법

1 쇠고기는 기름기 없는 부위를 골라 곱게 다져 놓는다.

2 햇된장에 나머지 양념을 합하여 고루 섞은 뒤 다진 고기와 찹쌀가루를 넣어 고루 치대면서 동글납작하게 빚는다.

3 잘 빚은 장떡을 찜통에 쪄 내어 채반에 펴서 식힌다.

4 장떡을 꾸득한 상태로 두었다가 굽거나 지져서 반찬으로 먹는다.

돼지고기보쌈

재료 및 분량

돼지 삼겹살(목살) 1kg, 통배추 1/4통, 소금·새우젓 적당량

고기 삶는 물 | 된장 1큰술, 대파 1대, 양파 1/2대, 통생강 1톨, 마늘 1/2통, 대추 4개, 계피 10g, 물 12컵

쌈장 | 개량 된장 1컵, 재래 된장 1/4컵, 물(육수) 1/2컵, 고추장 1/4컵, 물엿 2큰술, 다진 마늘 4큰술, 두부(으깬 것) 1/2컵, 깨소금 4큰술, 참기름 3큰술, 고추나 고춧가루 약간

무생채 | 무 200g, 소금 2작은술, 고춧가루 3큰술, 다진 파 2큰술, 다진 마늘 1큰술, 다진 생강 1작은술, 설탕 1큰술, 깨소금 2작은 술, 참기름 1작은술

만드는 법

1 돼지고기를 물에 30분 정도 담가 두어 핏물을 뺀 후 끓는 물에 넣어 살짝 데쳐 낸다.

2 깊은 냄비에 물을 붓고 된장을 풀고 양념들을 넣어 고기 삶을 물을 끓인다.

3 끓는 장물에 돼지고기를 통째로 넣고 도중에 꼬치로 찔러 주면서 잘 익을 때까지 삶는다.

4 배추를 작게 쪽을 내어 소금물에 절였다가 헹구어 씻어 먹기 쉬운 크기로 길게 자른다.

5 무를 굵게 채 썰어 소금, 고춧가루와 다진 양념, 설탕, 깨소금, 참기름을 넣어 무생채를 만든다.

* 쌈장은 짠맛이 있는 전통 된장과 슴슴한 개량 된장을 섞고 고추장도 섞는다. 분량을 늘리면서 고소한 맛을 내기 위하여 두부나 콩 삶아 으깬 것을 섞는다.

3. 고추장

조기고추장찌개

재료 및 분량

조기 2마리(800g), 쇠고기(우둔살) 100g, 물 3컵, 대파
2뿌리, 미나리·쑥갓 각 50g, 풋고추 2개, 홍고추 1개,
청장 또는 소금 적당량

고기양념 | 청장 2작은술, 다진 파 4작은술, 다진 마늘
2작은술, 참기름 2작은술, 후춧가루 약간

고추장양념 | 고추장 2큰술, 고춧가루 1작은술, 다진 마
늘 2작은술, 다진 생강 1작은술

만드는 법

1 조기는 싱싱한 것으로 골라서 비늘을 잘 긁어
   씻어서 내장을 빼고 5cm 정도로 토막을 내어
   소금을 약간 뿌려 놓는다.

2 쇠고기는 납작하게 썰어서 고기양념에 고루 무
   친 뒤 냄비에 볶다가 물을 넣어 끓여서 장국을 만든다.

3 대파는 다듬어서 어슷하게 썰고 미나리와 쑥갓은 씻어서 5cm 정도의 길이로 썬다.
   풋고추와 홍고추는 어슷하게 썰어 씨를 털어 낸다.

4 분량의 양념을 섞어서 고추장양념을 만든다.

5 장국이 맛이 들면 고추장양념을 풀어서 잠시 끓이다가 조기를 넣고 끓인다.

6 조기가 익으면 장국 간을 보고 부족하면 청장이나 소금으로 간을 맞추고 파, 미나
   리, 쑥갓을 넣고 바로 불에서 내린다.

오이감정 ^{게감정}

재료 및 분량

오이 1개(150g), 쇠고기(우둔살) 100g, 대파 1/2뿌리, 풋고추 2개, 홍고추 1개, 물 3컵

고기양념 | 청장 1작은술, 다진 마늘 1작은술, 참기름 1작은술, 후춧가루 약간

고추장물 | 고추장 3큰술, 된장 1작은술, 다진 마늘 1큰술, 물 1컵

만드는 법

1 오이는 소금으로 문질러 씻은 뒤 세모나게 저며서 썬다. 대파와 풋고추, 홍고추도 굵
   직하고 어슷하게 썬다.

2 쇠고기는 납작하게 썰어 고기양념을 넣어 무친다.

3 물 1컵에 된장과 고추장을 풀어 고추장물을 만든다.

4 양념한 고기를 냄비에 볶다가 물을 넣고 끓어오르면 고추장물을 넣고 끓인다.

5 오이를 넣고 끓이다가 오이의 색이 말갛게 되면 고추와 파, 다진 마늘을 넣고 잠깐
   더 끓인다.

* 게감정은 게를 토막 내어 발라낸 게살과 고기, 두부, 나물 등을 합하여 양념하여 소를 만들어 게딱지
   안에 채워 넣고 밀가루, 달걀을 묻혀 전을 지져 낸 후 고추장 고기장국에 넣어 끓인다.

돼지불고기

재료 및 분량

돼지고기(등심이나 삼겹살) 400g, 양파 1/2개

고추장양념 | 고추장 2큰술, 간장 2큰술, 설탕 2큰술, 다진 파 2큰술, 다진 마늘 1/2큰술, 생강
즙 1/2큰술, 술 1큰술, 후춧가루 약간

만드는 법

1 돼지고기는 0.5cm 두께로 얇게 썰어서 잔 칼집을 넣어 연하게 한다.

2 양파는 길이대로 0.6cm 굵기로 채 썬다.

3 분량의 양념을 합하여 고추장양념을 만든다.

4 돼지고기를 한 장씩 펴서 분량의 고추장양념을 바르고 합하여 주물러 간이 고루
   배도록 한다.

5 뜨겁게 달군 팬이나 석쇠에 양념한 고기 조각을 잘 펴 양면을 고루 익힌다.

더덕구이 북어구이

재료 및 분량

더덕 200g

유장양념 | 간장 1작은술, 참기름 1큰술, 실파 1뿌리, 실깨 약간

고추장양념 | 고추장 2큰술, 설탕 1작은술, 다진 파 2작은술, 다진 마늘 1작은술, 깨소금 1작은술, 물 1/2큰술

만드는 법

1 더덕은 껍질을 벗겨 길이로 반을 갈라 방망이로 자근자근 두드려서 넓게 편다.

2 간장과 참기름을 합하여 유장을 만들어 얇게 편 더덕에 발라 석쇠에 놓아 앞뒤로 고루 굽는다.

3 고추장에 물을 섞고 다진 파, 마늘과 나머지 양념을 섞어 고추장양념을 만든다.

4 구운 더덕에 고추장양념을 얇게 펴 발라서 약한 불에서 서서히 타지 않게 굽는다.

5 먹기 좋은 크기로 썰어 접시에 담고 송송 썬 실파, 실깨를 뿌린다.

* 북어구이 : 껍질 있는 포북어를 손질한 뒤 북어의 껍질면에 잔칼집을 넣는다. 더덕구이와 같은 방법으로 유장을 발라 굽고 다시 고추장양념을 발라 굽는다.

떡볶이

재료 및 분량

흰떡 600g, 쇠고기(다진 것) 100g, 물 1/2컵, 양파 1/2개, 대파 1뿌리

고기양념 | 간장 1큰술, 설탕 1/2큰술, 다진 파 2작은술, 다진 마늘 1작은술, 참기름 1작은술, 깨소금 1작은술, 후춧가루 약간

고추장양념 | 고추장 6큰술, 설탕 3큰술, 다진 파 3큰술, 다진 마늘 1½큰술, 참기름 1큰술, 깨소금 1큰술

만드는 법

1 흰떡은 가는 것은 그대로, 굵은 것은 4등분하고 굳었으면 끓는 물에 데쳐 낸다.

2 쇠고기는 고기양념에 무친다.

3 양파는 채 썰고 대파는 어슷하게 썬다.

4 분량의 양념을 합하여 고추장양념을 만든다.

5 냄비에 기름을 두르고 양념한 고기와 양파를 볶다가 물과 고추장양념을 넣고 끓인다.

6 끓인 고추장양념에 데친 떡을 넣고 볶다가 대파를 넣고 떡에 간이 고루 배도록 섞은 뒤 참기름과 깨소금을 넣고 마무리한다.

* 부재료를 많이 넣고 국물을 많이 있게 하는 떡볶이는 고추장물에 설탕, 고춧가루를 넣고 끓이다가 양배추, 양파, 당근, 어묵, 달걀 삶은 것을 넣어 더 끓인다.

닭강정

재료 및 분량

닭 600g, 달걀 흰자 1개분, 녹말가루 1컵
양파 1/2개, 다진 마늘 1큰술, 다진 생강 1작은술, 풋고추·홍고추 각 1개씩, 녹말 1큰술

닭밑간양념 | 소금 1작은술, 후추 1/3작은술, 술 1큰술

고추장양념 | 고추장 3큰술, 간장 1큰술, 설탕 3큰술, 맛술 3큰술, 물엿 2큰술, 물 1/2컵

만드는 법

1 닭을 뼈가 있는 채 한입 크기로 토막 내어 밑간양념을 하여 30분 정도 재운다.

2 양파와 풋고추는 1.5cm로 썬다.

3 밑간한 닭살에 달걀 흰자를 깨서 넣고 주무른 다음 녹말가루를 넣고 주물러 고루 묻힌다.

4 기름온도를 180℃로 하여 2번 바삭하게 튀겨 망에 건져 기름을 뺀다.

5 고추장양념의 재료를 섞어 둔다.

6 우묵한 팬에 기름을 두르고 다진 마늘과 생강, 양파, 고추를 넣어 볶다가 향이 나면 불을 조금 줄이고 고추장양념을 넣고 끓인다. 녹말을 동량의 물에 타서 끓는 양념에 넣고 걸쭉한 상태가 되도록 한다.

7 팔팔 끓을 때 튀긴 닭을 넣고 뒤적여 버무린다.

도라지생채 _{오이생채}

재료 및 분량

생도라지 150g, 소금 적당량

초고추장양념 | 고추장 1큰술, 식초 1큰술, 설탕 2작
은술, 다진 파 2작은술, 다진 마늘 1작은술, 고춧가루
2작은술, 깨소금 1작은술

만드는 법

1 도라지를 가늘게 찢고 5~6cm 길이로 잘라
소금으로 바락바락 주무른 다음 찬물에 헹
구어 쓴맛을 빼고 물기를 꼭 짠다.

2 초고추장양념을 만들어 도라지를 무친다.

* 오이생채는 오이를 4~5mm 두께로 동글게 썰어 소금물
에 절였다 꼭 짠 뒤 고추장양념에 무치거나 오이를 반으
로 갈라 어슷어슷 썰어 소금에 절였다 꼭 짠 다음 도라
지와 섞어 무치기도 한다.

* 노각생채는 길이로 굵게 채 썰어 소금에 절여 물기를 잘
짜서 고추장양념에 무친다.

멸치고추장볶음

재료 및 분량

멸치 200g, 식용유 적당량

고추장양념 | 고추장 2큰술, 설탕 3큰술, 물엿 1큰술, 청주 1큰술, 물 3큰술, 참기름 2작은술, 통깨 1큰술

만드는 법

1 기름을 두르지 않은 팬에 멸치를 넣고 눅눅한 기가 없어지도록 약한 불에서 볶는다. (멸치는 빛이 뽀얗고 모양이 반듯하며 크기가 쪽 고른 것을 고른다.)

2 볶아진 멸치는 망에 담아 부스러기를 털어 낸다.

3 팬에 기름을 넉넉히 두르고 멸치를 넣고 약한 불에서 기름이 골고루 배게 볶는다.

4 다시 팬을 깨끗이 닦고 고추장양념을 넣어 잠깐 끓이다가 불을 줄여 볶은 멸치를 넣어 뒤적이며 볶아 고추장이 고루 묻으면 불을 끄고 통깨와 참기름을 넣는다.

북어회

재료 및 분량

북어포 100g, 미나리 20g, 밤 2개, 홍고추 1/2개, 소금 2작은술, 설탕 1큰술

고추장양념 | 고추장 4큰술, 고운 고춧가루 2작은술, 식초 3큰술, 설탕 2큰술, 깨소금 2큰술, 참기름 2작은술

만드는 법

1 북어포는 4cm 길이로 잘라 굵직하게 찢어 소금, 설탕을 넣은 냉수에 살짝 씻어서 물기를 꼭 짠다.

2 미나리는 3cm 길이로 썰고 밤은 납작하게 썰고 홍고추는 어슷하게 썰어 씨를 털어 낸다.

3 분량의 양념을 합하여 고추장양념을 만들어 모든 재료를 넣고 무친다.

미나리강회 ^{파강회}

재료 및 분량

미나리 300g, 양지머리 편육 100g, 달걀 2개, 홍고추 2개

초고추장양념 | 고추장 4큰술, 식초 3큰술, 물 3큰술, 설탕 2큰술, 간장 1/2큰술, 마늘즙 2작은술, 생강즙 1/2큰술

만드는 법

1 미나리는 뿌리와 잎을 떼고 다듬어 끓는 물에 소금을 약간 넣어 파릇하게 데친 다음 찬물에 헹구어 가지런히 하여 물기를 짠다.

2 양지머리는 덩어리째 삶아 건져서 길이 2cm, 폭 0.5cm의 막대 모양으로 썬다.

3 달걀은 황백으로 나누어 두껍게 지단을 부치고, 홍고추도 갈라서 씨를 빼고 편육과 같은 크기로 썬다.

4 분량의 양념을 합하여 초고추장양념을 만든다.

5 데친 미나리 한두 가닥을 편육, 황백지단, 홍고추를 함께 잡아 돌돌 말아 준 뒤 미나리의 끝을 풀어지지 않도록 끼워 넣는다.

6 접시에 미나리강회를 가지런히 돌려 담고 초고추장은 따로 작은 그릇에 담아 낸다.

* 실파도 소금물에 데쳐 물기를 없애고 마찬가지로 한다.

4. 상추쌈 차림

궁중 상추쌈은 상추, 쑥갓, 가는 파 등
쌈채소 세 가지와 간장, 된장, 고추장
으로 만든 장똑똑이, 절미된장조치, 병
어감정, 약고추장을 곁들인다. 쌈을 싸
먹을 때는 쌈채소에 밥을 넣고 장으로
만든 찬과 함께 참기름도 약간 넣는다.
먹고 난 후에는 몸을 따뜻하게 해 주
는 계지차를 마신다.

장똑똑이

재료 및 분량

쇠고기(우둔살) 200g

고기양념 | 간장 1큰술, 참기름 1작은술, 후춧가루 약간

조림장 | 간장 1큰술, 설탕 1/2큰술, 물 1/2컵, 후춧가루 약간, 흰 파 3cm, 마늘 2쪽, 생강 약간

만드는 법

1　쇠고기를 결대로 가늘게 썰어 고기양념에 잰다.

2　파는 채 썬다. 마늘과 생강은 껍질을 벗겨서 곱게 채로 썬다.

3　냄비에 간장, 설탕, 물을 넣고 끓이다가 양념한 쇠고기를 넣어 조린다.

4　파, 마늘, 생강, 후춧가루를 넣고 국물이 조금 남을 때까지 조린다.

절미된장조치

재료 및 분량

쇠고기(등심) 100g, 마른 표고버섯 2개, 두부 100g, 풋고추 2개, 홍고추 1개, 대파 1/2대, 된장 2큰술, 물 2컵

고기양념 | 청장 1작은술, 다진 마늘 1작은술, 참기름·후춧가루 약간

만드는 법

1 쇠고기는 납작납작 썰어 고기양념으로 무친다.

2 표고버섯은 씻어 물 1컵에 불렸다가 채 썰고, 표고버섯 불린 물은 버리지 말고 장국으로 쓴다.

3 두부는 1cm 크기로 네모나게 썰고 풋고추, 홍고추, 대파는 송송 썬다.

4 뚝배기에 양념한 고기와 채 썬 표고버섯을 볶다가 표고버섯 불린 물을 붓는다.

5 된장을 덩어리 없이 풀어 넣고 물 1컵을 더 부어 끓인다.

6 끓기 시작하면 두부를 넣고 불을 줄여 오랫동안 서서히 끓이다가 맛이 잘 어우러지면 고추와 파를 넣는다.

병어감정

재료 및 분량

병어 1마리(300g)

고추장물 | 고추장 2큰술, 물 1/2컵, 대파 3cm, 마늘 1쪽, 생강 약간

만드는 법

1 병어는 살만 포를 떠서 폭 1cm, 길이 3cm의 막대 모양으로 썬다.

2 파, 마늘, 생강은 채 썬다.

3 냄비에 고추장과 물을 넣고 끓이다가 생선을 넣는다.

4 채 썬 양념을 넣고 국물을 끼얹으면서 바특하게 조린다.

약고추장

재료 및 분량

고추장 500g, 쇠고기(우둔살) 100g, 물 1/2컵, 참기름 3큰술, 꿀 2큰술, 잣 1큰술

고기양념 | 간장 1큰술, 설탕 1/2큰술, 다진 파 2작은술, 다진 마늘 1작은술, 참기름 1작은술, 깨소금 1작은술, 후춧가루 약간

만드는 법

1 쇠고기는 곱게 다져서 고기양념을 하여 팬에 넣고 볶다가 물을 넣고 끓인다.

2 끓으면 고추장을 넣고 약한 불에서 나무주걱으로 가끔 저으면서 서서히 볶는다.

3 고추장이 약간 진한 색이 나고 농도가 되직해지면 참기름과 꿀, 잣을 넣어 고루 섞고 윤기가 나면 불을 끈다.

보리새우볶음

재료 및 분량

마른 보리새우 50g, 통깨 1작은술, 간장 1/2작은술, 설탕 1큰술, 물엿 1작은술, 물 2큰술, 식용유 적당량

만드는 법

1 보리새우를 마른 팬에 볶아 바삭해지면 마른 행주에 쏟아 비벼서 가시를 없앤다.

2 팬에 식용유를 두르고 약한 불에서 볶는다.

3 기름이 고루 스미면 다른 팬에 설탕, 물엿, 물 등을 넣고 살짝 끓인 다음 불을 줄이고 보리새우를 넣고 빨리 섞는다.

1. 장아찌 담그는 시기

찬거리를 쉽게 장만할 수 없었던 옛날에는 제철식품으로 얼마나 골고루 저장
식품을 만들어 놓았는지로 살림의 알뜰함을 나타냈다. 장아찌는 한자로 장과
醬瓜라고 한다. 제철에 흔한 채소들을 간장, 된장, 고추장 등에 넣어 장기간 저
장하는데, 대개 1년쯤 지나야 맛있게 먹을 수 있다. 장아찌는 식품저장법으로
보면 염장법에 속하는데, 간이 세기 때문에 오래 두어도 쉽게 변하지 않아 저
장, 보관하기가 좋고 어느 때든 꺼내어 밑반찬, 술안주로 쓸 수 있다. 장아찌
를 만드는 시기는 재료들이 가장 많이 나오는 시기이다. 일반적으로 햇장이
익은 다음 지난해에 먹다가 남은 간장, 고추장이나 된장이 있을 때 담근다.
장아찌를 오래 두고 먹어도 맛이 나는 이유는 재료들이 가지고 있는 수분을
말리거나 소금으로 절여 없앴기 때문이다. 따라서, 채소는 소금에 절여 수분
을 빼내야 하고 겉물이 돌지 않도록 잘 말린 후에 장에 넣어야 한다. 장에 넣
어서도 장이 가진 맛과 염분이 골고루 스며들게 해 주어야 한다. 장 속에 함
유된 좋은 발효균들이 재료에 스며들어 재료의 섬유소가 삭을 만큼 익어야

맛이 좋다.

장아찌를 만드는 재료는 대부분이 채소로 소금에 절이는 것이 우선인데 소금이 골고루 녹아들게 하는 것이 중요하다. 오이, 무 등은 하나씩 소금에 굴려 차곡차곡 담아 자체 내의 수분을 빼고 겉을 말린 후 간장이나 된장, 고추장에 박는다. 절이는 소금의 양은 보통 재료 중량의 3~4%로 한다. 깻잎이나 콩잎, 고추는 섬유소가 연해지도록 소금물에 담가 둔다. 잎이 노랗게 되도록 두면 대부분 삭

▲ 장아찌의 재료

는다. 장아찌의 매력은 짭조름한 짠맛과 입에서 아삭아삭 씹히는 질감이다. 쌀을 주식으로 하는 우리의 식생활에서 장아찌는 개운한 밑반찬이 된다. 장아찌에 흔히 쓰는 재료는 마늘, 마늘종, 깻잎, 무, 오이, 더덕, 도라지, 우엉, 당근, 울외 등의 채소들이 대부분이지만 이외에 두부, 고기나 해물로도 담근다. 지방에 따라서는 산초 열매, 떫은 감, 두부, 굴비, 도토리묵 등의 특수한 재료로 장아찌를 만들기도 한다.

장아찌 담글 때의 유의사항

장아찌 박은 장은 보통 때 쓰는 것과 구분하여 따로 장아찌 전용으로 작은 항아리에 덜어서 쓴다. 된장이나 고추장의 큰 항아리에 장아찌 재료를 넣으면 재료의 수분과 맛이 배어 나와 장맛이 변하기 때문에 적합하지 않다. 장아찌 재료는 날것을 그대로 쓰는 것이 아니라 일단 소금에 절이거나 말려 수분함

량을 줄인 후에 넣어야 장기간 보존할 수 있다.

장아찌용으로 깻잎이나 고추 등 크기가 작은 재료를 고추장이나 된장에 박을 때는 거즈나 베주머니를 만들어 그 안에 넣어서 박아 둔다. 장 속에서 찾아내기가 쉬울 뿐만 아니라 재료에 장이 많이 묻어 있지 않아 손실이 적고 썰거나 무칠 때 깔끔해서 다루기 좋다.

장아찌 박았던 장의 손질법

채소를 한번 박았던 장은 채소에서 나온 수분으로 인해 묽어지며, 맛이 심심하거나 신맛이 돌기도 하고 쉽게 상한다. 간장은 냄비에 쏟아 부어 끓여서 식혀 두고, 된장이나 고추장도 냄비에 쏟아 불에 올려서 주걱으로 저으면서 수분을 증발시키고 간이 싱거우면 소금을 약간 보충한다. 장아찌 했던 장은 찌개나 국에 넣지 말고, 볶음이나 조림을 할 때 쓴다.

2. 사계절 장아찌 담그기

장과 장아찌 연중 계획

월별	간장장아찌	된장, 고추장 장아찌	장류
1월		무	담북장
2월		두부	간장(정월장), 고추장 메주
3월		동치미무, 김	간장(2월장), 고추장
4월	풋마늘, 마늘종, 산채	마늘종, 더덕	장 가르기(간장/된장), 막장
5월	꽃게장	더덕	
6월	풋고추, 양파	매실	
7월	오이, 깻잎	깻잎, 오이, 풋고추	
8월	풋고추	양파, 가지, 참외	
9월	가지	감, 오이, 참외, 가지	
10월	참게장, 배추, 고춧잎	우엉	
11월	무	김, 묵	집장
12월	무말랭이	홍합	청국장, 메주

봄철에 담그는 장아찌

계절마다 나오는 재료를 가지고 장아찌를 담그는데, 봄에는 보통 통마늘과 풋마늘대, 마늘종으로 장아찌를 담근다. 통마늘 장아찌는 마늘의 아린 맛을 뺀 후에 간장, 식초물이나 소금, 식초물에 담근다. 짠맛과 신맛의 배합은 조금 강하게 느껴질 정도이어야 하며 마늘이 둥둥 뜨지 않게 무거운 것으로 눌러 국물 속에 충분히 잠기도록 한다.

고추장과 된장은 어느 정도 새콤한 맛이 있으나 간장은 그렇지 않기 때문에 간장에 담그는 장아찌에는 식초를 꼭 넣어 끓여서 방부 효과도 겸해야 맛이 변질되지 않는다. 풋마늘대나 마늘종은 소금물에 노랗게 삭혀서 간장을 붓거나 물기를 거두어 고추장 단지에 깊이 넣는다. 겨우내 먹다 남은 동치미 무도 쪼개서 대강 말려 간장에 재우거나 된장에 박는다.

5월이 되면 더덕과 도라지가 좋은 재료가 된다. 더덕과 도라지를 잘 두들겨서 꾸득꾸득하게 말린 후에 간장을 붓거나 고추장 단지에 넣는다. 더덕을 고추장 단지에 직접 넣으면 꺼내 먹을 때 고추장을 훑어 내고 먹기가 힘드므로 망사 주머니를 여러 개 만들어서 조금씩 넣어 고추장 독에 넣으면 편리하다.

마늘장아찌 ^{간장}

연한 통마늘을 식초물에 삭혔다가 초간장을 끓여 부어서 만든다. 마늘장아찌를 희게 만들려면 마늘을 소금물에 삭혔다가 소금으로 간을 한 식초물을 부어서 만든다. 장아찌 담글 마늘은 육쪽마늘이 좋은데, 덜 여물어서 쪽이 붙어 있고 대공이 약간 푸르고 껍질이 불그레한 것이 좋다.

재료 및 분량

통마늘 50개

식초물 │ 식초 2컵, 소금 1/2컵, 물 10컵

끓임장 │ 간장 5컵, 식초 1/2컵, 설탕 1/2컵

만드는 법

1 연한 통마늘을 구하여 껍질을 한 켜 벗기고 마늘대가 조금 남게 잘라서 분량의 식촛물에 넣어 3~4일 두어 삭힌다.

2 삭힌 마늘을 건져서 물기를 닦고 항아리나 병에 차곡차곡 담는다.

3 간장, 식초, 설탕을 냄비에 끓여 식혀 마늘 담은 항아리에 붓고 뜨지 않게 위를 돌

이나 접시로 눌러 둔다. 열흘마다 국물을 따라내어 끓여서 붓기를 3~4번 한다.

4 두 달 정도 되면 먹기 시작하며 일 년을 두고 먹을 수 있다.

5 상에 낼 때는 양 끝을 잘라 내고 둥근 단면이 보이게 삼등분하여 그릇에 담는다.

마늘종장아찌 ^{간장, 고추장}

연한 마늘종에 식초물을 부어 삭혀서 약간 말려 고추장에 박아 두었다가 짧게 끓여서 무쳐 찬으로 한다. 풋마늘대를 똑같은 방법으로 하여도 맛이 있다.

재료 및 분량

마늘종 1kg, 간장 또는 고추장

소금물 | 소금 1컵, 물 10컵

삭힘 식초물 | 식초 1컵, 설탕 1/2컵, 물 3컵, 소금 2큰술

만드는 법

1 연한 마늘종을 골라서 끝의 억센 부분은 잘라 내고 열 가닥 정도를 한 묶음씩 묶어서 분량의 소금물을 부어 절인다.

2 절인 마늘종 한 묶음씩을 둥근 타래로 하여 항아리나 병에 담는다.

3 삭힐 식초물의 재료를 냄비에 담고 끓여서 식혀 항아리에 붓고 떠오르지 않게 위에 돌이나 접시로 눌러 둔다.

4 보름쯤 두어 노랗게 삭으면 꺼내어 채반에 널어 꾸득꾸득하게 말린다.

5 삭혀 말린 마늘종을 간장에 부어 두거나 고추장에 박아서 더 두었다가 찬으로 한다.

도토리묵장아찌 ^{간장}

도토리묵을 사방 5cm 정도로 네모나게 썰어 넣어 겉물을 말려서 간장에 넣어 둔다. 15일 정도 지나면 맛이 드니 채 썰어서 갖은 양념에 무친다.

또 다른 방법은 묵을 손가락 굵기의 막대모양으로 썰어 약간 말렸다가 병에 담고 간장에 저민 마늘과 설탕, 마른 고추를 넣고 끓여서 식혀 부어 두었다가 먹을 때 꺼내어 갖은 양념을 넣어 무친다. 묵장아찌는 사철 내내 만들 수 있다.

두부장아찌 ^{된장}

두부를 베보자기에 싸서 무거운 것을 눌러 두어 물기를 뺀 후 절구에 찧는다. 여기에 소금 간을 약하게 하여 베주머니에 넣고 모양을 반듯하게 하여 된장 항아리에 박아서 한 달쯤 두었다가 꺼내어 갖은 양념에 무쳐 먹는다. 두부장은 절간에서 잘 만드는데, 특히 전남 대흥사의 두부장이 유명하다.

《규합총서》에는 '두부장'이라고 하여 두부에 소금을 뿌려 눌러 두었다가 물기를 빼고 나서 베주머니에 넣어 고추장이나 간장 단지에 넣었다가 먹는다고 했다.

여름철에 담그는 장아찌

여름철 장아찌의 재료는 무엇보다 오이가 많이 쓰인다. 먼저 오이를 잘 절인 뒤 물기를 눌러 짠다. 여름에 오이지를 담그면서 장아찌용으로도 같이 만들면 된다. 절여진 오이는 최대한 수분이 빠지게 해야 하므로 잠깐 널었다가 간장을 붓거나 고추장 단지에 넣는다. 간장을 부을 때 보통 간장을 쓰면 안 되며, 식초, 설탕, 마른 고추, 생강, 마늘 등을 넣고 팔팔 끓인 것을 부어야 변질되지 않는다. 간장을 부어 만든 장아찌들은 한 번 장을 붓는 것으로 그치지 않고 2~3번 열흘 간격으로 끓여서 붓는다. 더 맛있는 오이장아찌를 만들려면 배를 갈라서 그 사이에 깻잎 한 장에 생강채, 마늘채, 밤채 등을 넣고 말아서 끼워 넣으면 향이 매우 좋은 별미 장아찌가 된다.

　가지장아찌는 많이 하지 않지만 칼집을 낸 사이에 양념을 채워 넣고 간장을 붓는 식으로 담그면 좋다. 가지는 겉껍질이 질기고 속은 매우 무르므로 진한 소금물에 데쳐 내어 물기를 뺀 후에 만든다.

오이장아찌 고추장, 간장

오이고추장장아찌

오이를 통째로 절여서 무거운 것으로 눌러서 물기를 빼거나 오이지를 건져서 물기를 닦고 고추장에 박아서 서너 달 후부터 꺼내어 잘게 썰어 갖은 양념에 무쳐서 찬으로 한다.

재료 및 분량

오이 30개, 고추장 적당량

소금물 | 소금 1컵, 물 10컵

양념 | 고운 고춧가루, 다진 파, 다진 마늘, 설탕, 참기름, 통깨 각 적당량

만드는 법

1 오이는 길이가 짧고 통통하면서 씨가 적은 재래종 오이를 골라서 하나씩 소금으로
문질러 씻어 물기를 없이 하여 항아리나 병에 차곡차곡 담는다.

2 냄비에 물을 팔팔 끓인 후 소금을 넣고 뜨거울 때 오이에 붓는다. 그러면 껍질이 연
해지고 아작아작해진다. 오이가 절었으면 건져서 채반에 넣어 수득수득할 정도로
말린다.

3 말린 오이를 고추장에 박아 둔다.

4 오이에 간이 배면 여분의 고추장은 훑어 내고 동글납작하게 썰어 양념에 고루 무
친다.

오이간장장아찌

오이를 통째로 간장에 재운 장아찌이다. 뜨거운 간장물을 부어서 만드는데 무르지 않아 아삭아삭하다. 가끔 장물을 달여서 부으면 여름 내내 변하지 않는다.

재료 및 분량

오이(재래종) 30개, 소금 약간

끓임장 | 간장 3컵, 물 2컵, 설탕 1컵, 마른 고추 2개, 생강 20g, 식초 1컵

무침양념 | 고운 고춧가루, 다진 파, 다진 마늘, 설탕, 참기름, 통깨 각 적당량

만드는 법

1 오이는 작은 재래종으로 골라서 손으로 하나씩 소금으로 문질러 씻어 물기를 없이 하여 항아리나 병에 차곡차곡 담는다.

2 냄비에 간장과 물, 설탕, 씨를 빼고 어슷하게 썬 마른 고추, 얇게 저민 생강을 넣어 펄펄 끓이다가 식초를 마지막으로 넣어 잠시 더 끓여서 뜨거울 때에 오이를 담아 둔 항아리에 붓는다.

3 장물을 붓고 난 5일 후에 장물만 따라 내고 다시 끓여서 식힌 후 항아리에 붓는다. 이 같은 방법을 2~3차례 반복하면 맛이 잘 든다.

4 먹을 때는 길이를 갈라서 막대 모양으로 썰거나 동글납작하게 썰어서 양념에 고루 무친다.

오이지간장장아찌

먹고 남은 오이지가 있을 때 간장에 식초를 섞어서 담그는 장아찌이다. 반드시 오이지가 아니더라도 생오이를 소금으로 문질러 깨끗이 씻은 후 끓인 초간장을 부어 담가도 된다.

재료 및 분량

오이지 20개, 풋고추 5개, 생강 3톨(30g)
끓인 초간장 | 간장 2컵, 물 1컵, 설탕 2/3컵, 식초 2/3컵

만드는 법

1 오이지를 물에 담가 3~4시간 두었다가 건져 물기를 빼고 햇볕에 수득수득하게 말린다.

2 말린 오이지를 세로로 배를 가르고, 풋고추와 생강을 채 썰어 사이에 채워 넣는다. 짚으로 중간중간을 말아서 동여매 항아리에 차곡차곡 담는다.

3 간장에 물을 타고 설탕을 넣어 끓이다가 식초를 넣어 잠시 더 끓여 초간장을 만든다.

4 초간장을 식힌 후 항아리에 붓고 작은 접시나 돌로 눌러 놓는다.

깻잎장아찌 ^{간장, 된장}

깻잎간장장아찌

재료 및 분량

깻잎 1kg, 간장 적당량

소금물 | 소금 1/2컵, 물 10컵

양념 | 설탕, 다진 파, 다진 마늘, 통깨, 실고추 각 적당량

만드는 법

1 깻잎을 씻어 소금물에 담그고 위에 납작한 돌이나 접시로 눌러 떠오르지 않게 하여 노릇하게 될 때까지 삭힌다.

2 들깻잎을 물에 씻어서 물기를 거두어 10장 정도씩 실로 묶어 항아리에 채 썬 마늘과 통깨를 뿌리면서 켜켜이 재운다. 간장을 붓고 돌이나 접시로 눌러서 3개월 정도 삭힌다.

3 깻잎이 삭으면 살짝 쪄서 밥을 싸 먹거나 잘게 썰어 양념을 넣어 고루 무친다.

깻잎된장장아찌

억세진 깻잎을 소금물에 보름 이상 두어 노랗게 되도록 삭혔다가 된장에 박아서 만든 장아찌이다. 된장에 박아 2개월 정도 삭힌 후 꺼내어 찜통이나 밥 지을 때 위에 얹어 살짝 쪄 내어 밥을 싸 먹는다.

재료 및 분량

깻잎 1kg, 된장 적당량

소금물 | 소금 1/2컵, 물 10컵

양념 | 간장, 설탕, 파, 마늘, 통깨, 실고추 각 적당량

만드는 법

1 깻잎을 잘 씻은 후 10장 정도씩 묶어 소금물에 담가 둔다. 위에 납작한 돌이나 접시로 눌러 떠오르지 않게 하여 노릇하게 될 때까지 약 15일 정도 삭힌다.

2 삭은 깻잎을 물에 헹궈 채반에 건지고, 면보로 남은 물기를 말끔히 없앤 뒤 된장에 박아 둔다.

3 먹을 때는 파, 마늘을 채 썰어 나머지 양념을 섞어 깻잎을 3~4장씩 떼어서 켜켜이 한 숟가락씩 뿌려 가며 양념한다. 작은 접시에 담아 찜통에 넣고 찌거나 작은 양이면 밥할 때 잠깐 올려서 쪄 낸다.

깻잎속성장아찌

깻잎을 쪄서 양념장을 끼얹으면서 켜켜이 재워 간이 들면 바로 먹는 장아찌이다.

재료 및 분량

깻잎 100장

양념장 | 간장 1컵, 설탕 2큰술, 물 2큰술, 마늘 40g, 생강 20g, 통깨 2큰술, 실고추 약간

만드는 법

1 연한 깻잎을 씻어 건져 물기를 닦아서 차곡차곡 둔다.

2 마늘과 생강은 가늘게 채 썰고 나머지 재료를 섞어 양념장을 만든다.

3 깻잎을 서너 장씩 모아 양념장을 바르고 용기에 켜켜이 담는다. 남은 간장을 부어 작은 접시로 눌러서 하루쯤 두면 먹을 수 있다.

가지장아찌 ^{간장}

가지를 끓는 물에 살짝 데쳐서 식초를 넣은 새콤한 양념장을 부어 만든 장아찌이다. 작은 풋고추를 절였다가 물기를 제거한 후 함께 담가도 좋다.

재료 및 분량

가지(작은 것) 10개, 소금 약간

끓임장 | 간장 2컵, 식초 1/2컵, 물 1컵, 설탕 5큰술, 마늘 20g, 생강 10g, 마른 고추 2개

만드는 법

1 가지는 되도록 작은 것으로 골라서 오이소박이를 담듯이 양 끝을 붙인 채로 가운데에 칼집을 넣는다. 소금을 약간 넣은 끓는 물에 살짝 데쳐 면보에 싸서 무거운 것으로 눌러 물기를 빼고 항아리나 병에 차곡차곡 담는다.

2 냄비에 간장, 식초, 설탕을 넣고 끓이면서 마늘과 생강은 납작납작하게 저미고 마른 고추는 씨를 빼고 어슷하게 썰어 넣고 장이 한 컵쯤 줄 때까지 끓인다.

3 끓인 장을 식혀 가지를 담은 항아리에 붓고 떠오르지 않게 위를 돌이나 접시로 눌러 둔다.

4 4일 후에 가지를 담가 두었던 간장물을 쏟아 끓여 식혀서 다시 붓고, 5일 정도 지난 후에 마찬가지로 끓여 붓는다. 졸아들어 지나치게 짜면 물을 보충해 끓인다.

5 상에 낼 때는 1cm 폭으로 썰어서 다진 파, 마늘, 참기름, 설탕, 깨소금 등을 넣어 고루 무쳐 낸다.

채소모듬장아찌 ^{간장}

여름철에 흔히 나는 채소들을 모아서 초간장을 부어 담근 장아찌로, 많이 짜지 않으면서도 새콤한 맛이 아주 좋다. 구색을 맞추기 위해 일부러 채소를 살 필요는 없다. 쓰다 남은 채소들을 있는 대로 모아서 만들면 된다.

재료 및 분량

샐러리 2단, 삭힌 마늘종 300g, 삭힌 마늘 100g(물엿 120g), 고추지 100g, 우엉 3대, 오이(피클용) 12개, 당근 3개

다시마장국 | 다시마 10g, 물 30컵

간장끓임장 | 간장 10컵, 다시장국 25컵, 설탕 3½컵, 식초 1/4컵, 마른 고추 10개, 마늘 10쪽, 양파 1개

만드는 법

1 샐러리는 껍질을 벗긴 뒤 7cm 길이로 썬다.

2 마늘종 삭힌 것의 짠 맛을 뺀다. 7cm 길이로 잘라 물엿을 넣어 바락바락 주물러 소쿠리에 받쳐 1시간 정도 둔다.

3 마늘 삭힌 것은 많이 시지 않은 것으로 구입하고, 고추는 삭힌 매운 고추로 구입한다.

4 우엉은 7cm 길이로 썰어 길이로 4등분하여 끓는 물에 데친 다음 찬물에 헹궈 물기를 완전히 없앤다. 당근은 길이로 4등분 한다.

5 분량의 물을 냄비에 넣고 다시마를 넣어 찬물에서부터 끓인다. 끓어오르면 다시마는 꺼내고 장국은 젖은 면보에 거른다.

6 다시마장국에 간장, 설탕, 식초, 마른 고추, 대파, 마늘을 넣고 끓인다. 한소끔 끓으면 불을 약하게 하여 5분 정도 더 끓여 식혀 둔다.

7 장아찌 담을 용기는 미리 끓는 물에 소독을 한 후 물기 없이 닦고 준비한 재료들을

넣고 무거운 것으로 눌러 준다. 식힌 장물을 건지가 보이지 않을 정도로 넉넉히 붓
고 뚜껑을 덮어 냉장고에 보관한다.

8 이틀 뒤 장물만 따라내서 팔팔 끓여 식혀 붓기를 3번 반복한다.

양파장아찌 ^{간장}

양파는 되도록 작고 단단한 것으로 고른다. 큰 것이면 뿌리 쪽이 붙은 채로
4~6토막으로 자른다.

재료 및 분량

양파(작은 것) 2kg

식초물 | 식초 2컵, 물 2컵

끓임장 | 마른 고추 2개, 간장 5컵

만드는 법

1 양파는 껍질을 벗기고 씻어 건져서 물기를 뺀다.

2 양파를 항아리에 차곡차곡 담고 식초에 물을 타서 붓
고 무거운 것으로 눌러 두어 3~5일 정도 재워 둔다.

3 양파의 매운 맛이 가시고 약간 투명해지면 식초물을 따
라 버린다.

4 마른 고추는 물에 불려 으깨어 간장에 섞어서 부어 두
었다가 4~5일마다 간장물을 쏟아 끓여서 식혀 붓기를
2, 3차례 반복한다. 담근 지 20일 정도 지나면 알맞게 간이 든다.

5 먹을 때는 양파를 둥글고 얇게 썰어 그대로 담거나 채 썰어 갖은 양념에 무친다.

가죽잎장아찌 ^{간장}

연한 가죽나무잎으로 만든 장아찌로, 향이
독특한 별미 장아찌이다. 연한 가죽잎을 따
서 깨끗이 씻어 소금물에 절였다가 채반에 널
어 꾸덕꾸덕하게 말린다. 간장을 붓고 돌로
눌러 둔다. 간이 배면 꺼내 잘게 썰어 갖은
양념에 무친다.

더덕장아찌 ^{고추장}

더덕은 껍질을 벗기고 방망이로 두들겨 납작
하게 만들어 햇볕에 꾸덕꾸덕하게 말려 고추
장에 박아 둔다. 더덕에 간이 배면 하나씩 꺼
내 길이대로 쪽쪽 찢어 참기름, 깨소금, 설탕
등을 넣어 고루 무친다. 고추장에 넣기 전에
된장에 한 달 정도 박아 두었다가 고추장에
옮겨 넣어 담가도 별미이다.

산초장아찌 ^{간장}

산초로 장아찌를 담그려면 음력 6월경 산초열
매가 아직 파랗고 연할 때 따서 줄기는 대강
떼고 식초물에 담가 매운맛을 삭힌 다음 간장
을 끓여서 붓는다. 예전에는 절에서 담가 먹었
으나 점차 담그지 않아 요즘은 맛을 보기가 힘
들다. 산초장아찌에 꽈리고추를 구멍을 내서
담그면 고추에 산초 맛이 배어서 아주 좋은 맛
이 된다. 산초장아찌는 그대로 찬으로 먹어도
되고, 멸치볶음이나 생선조림 등에 한 숟가락
씩 넣으면 아주 향이 좋고 매운맛이 별미이다.

원래 우리나라 산에는 자생하는 분디나무가
많은데 그 열매를 천초^{川椒} 또는 참초^{眞椒}라고
하여 많이 쓰여 왔으나 후에 일본에서 산초^{山椒}
라고 하는 말이 들어와 요즘은 오히려 산초라
고 부른다.

산초는 매운맛이 독특하여 완숙한 열매는 가루로 만들어 추어탕이나 개장
국에 넣어 먹지만, 고추가 들어오기 이전에는 매운맛을 내는 향신료로 썼다.

굴비장아찌 ^{고추장}

굴비의 비늘을 말끔히 긁고 지느러미는 잘라 낸 후 그대로 고추장에 박아서 반 년 이상 둔다. 굴비에 간이 충분히 배었으면 꺼내어 살을 찢어서 놓는다. 지금은 굴비가 비싸서 만들 엄두를 못 내지만, 예전에는 서울 사람들이 많이 만들어 먹던 장아찌이다.

외장아찌 ^{된장}

덜 익은 참외나 울외를 반으로 갈라서 씨는 숟가락으로 긁어 빼고 소금물에 절인다. 외가 절여지면 건져서 채반에 꾸덕꾸덕하게 말려서 된장에 박는다. 일본식으로 담근 울외장아찌^{나라즈께}는 소금을 섞은 술지게미에 박아 두는 것이다.

가을철에 담그는 장아찌

풋고추장아찌는 여름철에 많이 나오는 것으로 하지 않고 오히려 끝물에 나오는 작은 풋고추로 담그는 것이 훨씬 맛있다. 먼저 고추를 잘 삭혀서 물기를 거두고 간장을 붓거나 고추장 또는 된장에 박는데, 고추의 꼭지를 떼지 않고 대신 바늘로 군데군데 구멍을 뚫어 주면 장이 속까지 쉽게 스며든다.

무장아찌는 간장, 된장, 고추장에 다 담글 수 있다. 먼저 무를 소금에 고루 절여서 물기를 빼고 작은 것은 반을 가르고, 큰 것은 넷으로 쪼개서 꾸득꾸득하게 말려 담근다. 간장이나 된장, 고추장 중 한군데에만 넣기도 하지만 간장에 담갔다가 고추장에 넣거나 된장에 담갔다가 고추장에 넣으면 맛이 더 좋다.

풋고추장아찌 _{간장, 된장}

풋고추를 소금물에 삭혀서 간장을 붓거나 된장에 박아 두어서 맛이 들면 그대로 잘게 썰어서 양념한다. 삭힌 고추를 장에 박지 않고 그대로 썰어서 무쳐 먹기도 한다.

재료 및 분량

풋고추 600g, 간장 또는 된장 적당량

소금물 │ 소금 60g, 물 3컵

양념 │ 고운 고춧가루, 다진 파, 다진 마늘, 설탕, 참기름, 통깨 각 적당량

만드는 법

1 풋고추는 크고 상처가 없는 것으로 골라 씻어서 꼭지를 1cm 정도 남기고 끊는다.

2 물에 소금을 풀어서 고추를 넣고 떠오르지 않게 접시나 돌을 얹어서 2주일 정도 두어 노랗게 삭힌다.

3 잘 삭힌 고추를 건져서 물기를 거두어 간장을 붓거나 된장에 박아서 2주일 이상 둔다.

4 먹을 때는 고추를 잘게 썰어 참기름, 설탕, 다진 파, 다진 마늘 등을 넣어 무친다.

무장아찌

무된장장아찌

장아찌 무는 김장 무렵에 나오는 통통하고 단단한 동치미 무가 알맞다. 무를 갈라서 말리거나 무짠지나 동치미에서 남은 무를 된장에 박으면 된다. 된장에 박은 지 반 년쯤 지나서 꺼내야 맛이 든다. 된장 대신에 고추장에 박아도 맛있다.

재료 및 분량

무(동치미용) 10개, 된장 적당량
양념 │ 고운 고춧가루, 다진 파, 다진 마늘, 설탕, 참기름, 통깨 각 적당량

만드는 법

1 무는 깨끗이 씻어서 반이나 4등분으로 갈라서 채반에 널어 3~4일 겉이 꾸덕꾸덕할 정도로 말린다.

2 항아리에 된장을 한 켜 깔고 무를 깔고 다시 된장을 얹어서 무에 된장이 고루 묻게 한다. 맨 위에는 된장을 충분히 덮어 준다.

3 넉 달 이상 되면 무에 간이 배이니 된장을 훑어 내고 꺼내어 물에 살짝 씻은 후 가늘게 채 썰어 양념에 고루 무친다.

무간장장아찌

무에 간장을 부어 담그는 장아찌도 된장에 박을 때와 마찬가지로 생무를 말
리거나 먹고 남은 무짠지나 동치미 무에 간장을 부어 담근다.

재료 및 분량

무(동치미용) 10개, 간장 10컵, 마른 고추 2개

양념 | 고운 고춧가루, 다진 파, 다진 마늘, 설탕, 참기름, 통깨 각 적당량

만드는 법

1 무는 깨끗이 씻어서 반이나 4등분으로 갈라서 채반에 널어서 3~4일 꾸덕꾸덕할
   정도로 말린다.

2 된장이 들어 있는 항아리에 말린 무를 차곡차곡 담고 간장을 붓는다. 마른 고추를
   띄운 후 떠오르지 않게 돌이나 작은 접시로 눌러 놓는다.

3 넉 달 이상 되어 무에 간이 배면 꺼내 씻은 후 가늘게 채 썰어 양념에 고루 무쳐서
   찬으로 삼는다. 무가 지나치게 짜면 가늘게 썰어 물에 잠시 담가 간을 뺀 다음에 꼭
   짜서 양념한다.

무말랭이간장장아찌

재료 및 분량

무말랭이 1kg, 말린 고춧잎 100g, 실파 300g

끓임장 | 간장 2컵, 설탕 1컵, 마늘 60g, 생강 30g

양념 | 고운 고춧가루, 다진 파, 다진 마늘, 설탕, 참기름, 통깨 각 적당량

만드는 법

1 무말랭이와 고춧잎은 각각 물에 씻어 잠깐 불려 건져 서 물기를 꼭 짠 후 채반에 넣어 말린다.

2 실파는 4cm 길이로 썰고, 파와 마늘은 가늘게 채 썬 다.

3 간장과 설탕을 끓인다. 끓어오르면 마늘과 생강을 채 썰어 넣고 바로 불에서 내린다.

4 작은 항아리나 밀폐용기에 무말랭이와 고춧잎을 함께 담고 끓임장을 부어 재료가 장에 담기도록 돌이나 작 은 접시로 눌러 놓는다.

5 1주일 이상 지나 간이 배면 필요한 만큼만 덜어서 양념에 무친다.

* 즉석 무침 장아찌로 하려면 불려서 물기 짠 무말랭이에 간장을 부었다가 바로 양념을 다 넣고 무친다.

무채엿간장장아찌

무채를 엿장으로 끓여서 만든 장아찌이다. 무채가 오돌오돌 씹히는 감촉도 좋 고, 조청의 향과 단맛이 잘 어울린다. 조청 대신에 물엿을 쓰면 맛이 담백하 다. 무를 채 써는 것이 번거로우면 무말랭이를 사서 만들면 수월하다.

재료 및 분량

무 1kg, 간장 1½컵

끓임장 │ 절인 간장물, 조청 1컵, 설탕 3큰술, 파(흰 부분) 60g, 마늘 30g, 생강 20g

만드는 법

1 무는 약간 굵게 채로 썰어서 항아리에 간장을 켜켜이 뿌리면서 차곡차곡 담아 절인다. 절이는 도중에 위아래를 뒤척여 고루 간이 배게 한다.

2 무채가 다 절여졌으면 건져 면보에 싸서 꼭 짜 도로 항아리에 담는다.

3 절인 간장물은 냄비에 끓여서 식으면 항아리에 부어 다시 하루 정도 절인다.

4 무채를 다시 면보에 싸서 물기를 짠다. 간장물에 엿과 설탕을 넣어 졸여서 1½컵 정도가 되면 불에서 내려 식힌다.

5 파, 마늘, 생강은 곱게 채 썰어서 절인 무채와 섞어 항아리에 담고 엿장을 부은 후 떠오르지 않게 돌을 눌러 놓는다. 2주일 쯤 두었다가 장물을 따라 내어 끓여서 도로 붓는다.

무청간장장아찌

김장철 무렵 무청이 흔할 때에 새파랗고 어린 무청을 골라서 소금물에 절였다가 꼭 짜서 물기를 대강 말린다. 항아리에 말린 무청을 한 켜 놓고 채 썬 파, 마늘, 생강, 실고추 등을 켜켜로 뿌리면서 재워 둔다. 간장을 부어서 위를 무거운 돌이나 접시로 눌러 두었다가 이른 봄부터 꺼내 짧게 끓여서 양념을 넣어 무친다.

콩잎장아찌 ^{된장}

가을철에 누렇게 단풍이 든 콩잎을 따서 10장 정도씩 실로 묶어서 된장에 박아 두거나 간장을 부어 돌로 눌러 두었다가 밥을 싸서 먹거나 잘게 썰어서 참기름, 설탕, 참기름, 깨소금을 넣어 고루 무친다.

또 다른 방법은 콩잎을 소금물에 담가 열흘 정도 삭혀서 건진다. 멸치젓국에 고춧가루, 채 썬 마늘을 넣고 고루 섞어 콩잎 사이에 한 숟가락씩 끼얹으면서 차곡차곡 재워서 항아리에 담아 두었다가 먹어도 맛이 훌륭하다.

고들빼기장아찌 ^{간장}

고들빼기 뿌리를 다듬고 씻어서 옅은 소금물에 담가 돌로 위를 눌러 1개월쯤 두어 쓴 물을 빼고 소쿠리에 건져서 물기를 뺀다. 무말랭이는 물에 잠깐 불렸다가 합하여 간장과 멸치장국을 반반씩 섞어서 파, 마늘, 생강을 채 썰고 실고추를 버무려서 항아리에 담아 보름 이상 두어 간이 들면 갖은 양념에 무쳐서 먹는다.

감장아찌 ^{고추장}

아직 익지 않은 푸른 감을 따서 고추장에 박아 두고 3개월 정도 지나면 간이 배여 쪼글쪼글해진다. 감은 씨가 없고 단단한 것으로 골라서 4등분하여 심심한 소금물에 3~4일 담가 둔다. 채반에 건져서 하루 정도 말린 후 고추장 단지에 박아 둔다. 감에 맛이 들면 꺼내어 얇게 썰어서 참기름, 설탕, 깨소금을 넣어 고루 무친다.

해조류로 담그는 장아찌

다시마장아찌 ^{된장}

다시마를 얻기 쉬운 해안 지역에서 주로 담는 장아찌로, 다시마를 된장이나 고추장에 박아 두었다가 먹는다. 먹다 남은 묵은 다시마로 만들면 별찬으로 맛있게 먹을 수 있다.

재료 및 분량

다시마, 된장 적당량

양념 | 고운 고춧가루, 다진 파, 다진 마늘, 설탕, 참기름, 통깨 각 적당량

만드는 법

1 다시마는 되도록 두꺼운 것으로 골라서 물에 충분히 불려서 건져 말린다.

2 다시마의 겉물이 모두 마르면 10cm 폭으로 썰어서 된장에 박아 둔다.

3 다시마에 맛이 배면 된장을 훑어 내고 꺼내어 가늘게 채 썰어 양념을 넣어 고루 무친다.

미역장아찌 ^{된장}

미역을 된장에 박았다가 무쳐서 먹는 장아찌이다. 미역귀는 작은 주먹만 한 크기로 오글오글한 미역의 뿌리 쪽에 붙어 있다. 흔히 튀각처럼 튀겨서 찬으로 하지만, 장아찌를 만들어도 좋다. 연한 미역보다 오히려 두껍고 단단한 미역귀가 장아찌용으로는 알맞다.

재료 및 분량

미역, 된장

양념 | 고운 고춧가루, 다진 파, 다진 마늘, 설탕, 참기름, 통깨 각 적당량

만드는 법

1 미역을 잎만 떼어 말린 건조 미역은 물에 살짝 불렸다가 건져 물기를 거둔다. 염장 미역 잎이나 줄기는 물에 담가 소금기를 빼고 건져서 마르면 대강 잘게 썬다.

2 미역을 장에 넣을 때 그대로 넣으면 장의 손실도 많고 꺼낼 때 번거로우므로 미리 망사나 거즈로 작은 주머니를 만들어서 안에 넣어 납작하게 눌러서 장에 박아 둔다.

3 맛이 배면 미역을 꺼내서 잘게 썰어 양념을 넣어 고루 무친다.

파래장아찌 ^{된장}

말린 파래를 간장을 섞은 된장에 박아서
1개월 이상 두었다가 먹는 장아찌이다.

재료 및 분량

파래 500g, 된장 2컵, 간장 1/2컵

양념 | 고운 고춧가루, 다진 파, 다진 마늘, 설탕, 참기름, 통깨 각 적당량

만드는 법

1 말린 파래는 티를 골라내고 손으로 대강 뜯어 놓는다.

2 된장에 간장을 조금씩 넣으면서 저어 고르게 푼다.

3 작은 망사나 거즈 주머니에 파래를 넣고, 작은 항아리나 밀폐용기의 바닥에 된장을 한 켜 깔고 파래 주머니를 켜켜로 놓고 위에 다시 된장을 잘 덮어서 1개월 이상 둔다.

4 파래에 간이 들면 꺼내어 양념에 무쳐 먹는다.

김장아찌 _{된장, 고추장}

마른 김도 파래와 같은 방법으로 담그면 별미이다. 마른 김을 물에 풀어 살살 씻어서 조리로 건져서 물기를 쪽 뺀다. 망사나 거즈 주머니에 넣어 납작하게 하여 된장이나 고추장에 박아서 1개월 이상 두어 김에 맛이 들면 꺼내어 무쳐서 먹는다.

지누아리장아찌 _{고추장}

강원도 해안지방에서는 해초인 지누아리를 고추장에 박아 두었다가 장아찌로 먹는다. 마른 것은 물에 불리고, 생것은 약간 말려서 쓴다. 먼저 간장에 절여 간이 배게 한다. 고추장에 다진 파, 다진 마늘, 참기름, 깨소금의 양념을 넣고 버무린 후 항아리에 꼭꼭 눌러 담고, 남은 간장을 위에 부어 두면 아작아작 씹히는 맛 좋은 장아찌가 된다.

옛 문헌

강와(强窩), 치생요람(治生要覽), 1691

김수(金綏), 수운잡방(需雲雜方), 1540년경

두암(斗庵), 민천집설(民天集說), 1752

방신영, 우리나라 음식 만드는법, 청구문화사(靑丘文化社), 1954

방신영, 조선요리제법(朝鮮料理製法), 신문관(新文館), 1917

빙허각 이씨, 규합총서(閨閤叢書)영인본, 1815

서명응(徐命膺), 고사십이집(攷事十二集), 1787

서유구(徐有榘), 임원십육지(林園十六志), 1835

손정규(孫貞圭), 우리음식, 삼중당 1948

안동 장씨, 음식디미방(閨壺是議方), 1670년경

옛음식연구회 역, 다시보고배우는 조선무쌍신식요리제법, 궁중음식연구원, 2001

유중림(柳重臨), 증보산림경제(增補山林經濟), 1766

이강자 외 역, 증보산림경제(국역), 신광출판사, 2003

이용기(李用基), 조선무쌍신식요리제법(朝鮮無雙新式料理製法), 영창서관, 1924

이효지 외 역, 시의전서(우리음식지킴이가 재현한), 신광출판사, 2004

전순의(全楯義), 산가요록(山家要錄), 1450년경

정양완 역주, 憑虛閣 李氏 原纂, 閨閤叢書(1869), 보진재, 1975

정학유(丁學游), 농가월령가(農家月令歌), 1843

조자호(趙慈鎬), 조선요리법(朝鮮料理法), 광한서림, 1939

찬자미상, 시의전서(是議全書), 1800년대말

찬자미상, 요록(要錄), 1680년경

찬자미상, 주찬(酒饌), 1800년대

하생원(河生員), 주방문(酒方文), 1600년대 말

한복려 역, 다시보고배우는 산가요록, 궁중음식연구원, 2007

한복려 외, 다시보고배우는 음식디미방(영인본-해설편), 궁중음식연구원, 2000

한희순·황혜성·이혜경, 이조궁정요리통고(李朝宮廷料理通攷), 학총사, 1957

허균(許筠), 도문대작, 1611

허준(許浚) 원저, 국역 동의보감(1611), 남산당, 1991

참 고 문 헌

홍만선(洪萬選), 산림경제(山林經濟)영인본, 1715

홍석모(洪錫模), 동국세시기(東國歲時記), 1849

홍선표(洪善杓), 조선요리학(朝鮮料理學), 조광사, 1940

단행본

강인희, 한국식생활풍속, 삼영사, 1984

김상보역, 이시게 나오미지·케네스라도르 원저, 어장과 식해의 연구, 수학사, 1990

김상순·최홍식·변광의, 식품가공저장학, 수학사, 1995

김명길, 낙선재주변, 중앙일보사, 1977

김용숙, 조선조 궁중풍속연구, 일지사, 1987

유태종 외, 식품미생물학, 문운당, 1988

윤서석 외 역, 와타나베 미노루 원저, 일본식생활사, 신광출판사, 1998

이서래, 한국의 발효식품, 이대출판부, 1986

이성우, 고대 한국식생활사 연구, 향문사, 1992

이성우, 고려 이전의 한국식생활사 연구, 향문사, 1984

이성우, 한국식생활의 역사, 수학사, 1993

이성우, 한국식경대전(식생활사문헌연구), 향문사, 1981

이성우, 한국식품문화사, 교문사, 1984

이철호, 식품저장학, 고려대학교출판부, 2008

이춘자 외, 장(醬), 대원사, 2003

이한창, 장 역사와 문화와 공업, 신광출판사, 1999

장지현, 한국전래 발효식품사 연구, 수학사, 1989

최근학 편, 한국속담사전, 문학출판공사, 1989

한복려, 국·찌개·전골, 중앙M&B, 2000

한복려, 밑반찬 이야기, 중앙M&B, 1999

한복려, 밥, 뿌리깊은나무, 1993

한복려, 우리 음식 287가지, 중앙M&B, 2001

한복려·정길자, 대를 이은 조선왕조궁중음식, 궁중음식연구원, 2004

한복려·한복진, 종갓집 시어머니 장 담그는 법, 둥지, 1995

한복진, 전통음식, 대원사, 1993

황혜성, 전통향토음식조사연구보고서(장·젓갈·장아찌·건조식품 편), 문화재관리국, 1980

황혜성, 한국요리백과사전, 삼중당, 1976

황혜성·한복려·한복진 외, 3대가 쓴 한국의 전통음식, 교문사, 2010

石毛直道 編, 東アジアの食事文化, 平凡社, 1985

石毛直道·ケネスラドル, 魚醬とナレズシの研究, 岩波書店, 1990

通口清之, 日本食物史, 柴田書店, 1987

논문 및 정기간행물

김미경·이혜수, 재래식과 개량식 된장 및 시판된장의 유리아미노산, 핵사 및 그 관련물질 함
    량, 한국식품과학회지, 17(1), 1988

이성우, 고대(古代) 동(東)아시아속의 두장(豆醬)에 관한 발상(發祥)과 교류(交流)에 관한 연
    구, 한국식생활문화학회지 5(3), 1990

이성우, 대두문화는 동방에서, 한국콩연구회지 1, (1984)

이성우, 대두재배의 기원에 관한 고찰, 한국식생활문화학회지 3(1), 1988

이성우, 아시아속의 한국어장문화에 관한 연구, 한국식생활문화학회지 1(4), 1986

이성우, 한국 전통발효식품의 역사적 고찰, 한국식생활문화학회지 3(4), 1988

이성우·이현주, 한국 고문헌속의 장류/어장 색인, 한국식문화학회지 1(2,4), 1986

조정순, 우리나라 콩 식문화의 변천, 한국콩연구회지, 19(2), 2002

최덕경, 중국의 대두 가공식품사에 대한 일고찰, 중국사연구, 중국사학회 25, 2003

최영진 외, 17세기 이전 장류에 대한 문헌적 고찰, 한국식생활문화학회지 23(1), 2007

최청, 경상도 지방 전통 등겨장의 제법조사와 성분에 관한 연구, 한국식문화학회지 6(1), 1991

한복려, 간장, 생활 속의 이야기-간장/된장/고추장/별미장·특수장/메주쑤기와 청국장, (주)제
    일제당 사외보, 1994

한복려 외, 경복궁 장고지 정비계획 학술조사 연구, 문화재청, 2005

한복진 외, 한국음식의 뿌리 "장(醬)", 전주대학교, 2011

황호관, 전라도 생강과 고추장에 관한 연구, 한국식생활문화학회지 3(4), 1988

허문도, 콩 재배의 기원민족에 관하여, 한국콩연구회지, 18(2), 2001

찾아보기

지은이

한복려

1947년 서울 출생
서울시립대학 원예학과 졸업
고려대학교 대학원 식품공학과 석사
명지대학교 대학원 식품영양학과 박사

현재 중요무형문화재 제38호 '조선왕조 궁중음식' 3대 기능보유자
　　　(사)궁중음식연구원 이사장, (주)지화자 이사
　　　한국문화재보호재단 음식부분 자문위원, 한식재단 자문위원

저서 〈떡과 과자〉, 〈한복려의 밥〉, 〈궁중음식과 서울음식〉,
　　　〈한국음식대관 제6권 궁중의 식생활〉, 〈우리 김치 백가지〉,
　　　〈한복려의 밑반찬이야기〉, 〈한식코스상차림〉,
　　　〈쉽게 맛있게 아름답게 만드는 떡/한과〉,
　　　〈다시보고 배우는 음식디미방/조선무쌍신식요리제법/산가요록〉,
　　　〈황혜성·한복려·정길자의 대를 이은 조선왕조 궁중음식〉,
　　　〈3대가 쓴 한국의 전통음식〉 등 다수

한복진

1952년 서울 출생
이화여자대학교 가정대학 졸업
고려대학교 대학원 식품공학과 석사
한양대학교 대학원 식품영양학과 박사
국가기술자격 조리기능장

현재 중요무형문화재 제38호 '조선왕조 궁중음식' 이수자
　　　전주대학교 문화관광대학 한식조리학과 교수

저서 〈팔도음식〉, 〈전통음식〉, 〈다시보고 배우는 음식디미방〉,
　　　〈우리 음식 백가지〉, 〈우리생활100년·음식〉,
　　　〈조선시대 궁중의 식생활문화〉, 〈3대가 쓴 한국의 전통음식〉,
　　　〈우리음식의 맛을 만나다〉 등 다수

한국인의 장醬

2013년 1월 7일 초판 발행
2017년 8월 14일 2쇄 발행

지은이 한복려 · 한복진
펴낸이 류제동 | **펴낸곳 교문사**

책임편집 모은영 | **디자인** 신나리 | **영업** 이진석 · 정용섭 · 진경민
출력 현대미디어 | **인쇄** 동화인쇄 | **제본** 과성제책사

주소 (10881)경기도 파주시 문발로 116 | **전화** 031-955-6111(代) | **팩스** 031-955-0955
등록 1960. 10. 28. 제406-2006-000035호 | **홈페이지** www.gyomoon.com | **E-mail** genie@gyomoon.com

ISBN 978-89-363-1321-0(03590) | **값** 22,000원   * 저자와의 협의하에 인지를 생략합니다.   * 잘못된 책은 바꿔 드립니다.